SAMMLUNG GÖSCHEN BAND 99

EBENE UND SPHÄRISCHE TRIGONOMETRIE

von

DR. PHIL. GERHARD HESSENBERG
weil. ord. Prof. an der Technischen Hochschule Berlin

Fünfte Auflage durchgesehen von

DR. HELLMUTH KNESER
o. Prof. an der Universität Tübingen

Mit 60 Figuren

WALTER DE GRUYTER & CO.
vormals G. J. Göschen'sche Verlagshandlung · J. Guttentag, Verlagsbuchhandlung · Georg Reimer · Karl J. Trübner · Veit & Comp.
BERLIN 1957

Inhaltsverzeichnis.

Einleitung.

Erster Teil: Ebene Trigonometrie.

Erstes Kapitel: Das rechtwinklige Dreieck.

Zweites Kapitel: Die trigonometrischen Funktionen beliebiger Winkel.

Anmerkungen des Verfassers.

Formeln und Formelgruppen, die an sich oder für spätere Entwicklungen wichtig sind, sind römisch beziffert. Diese Bezifferung ist für jedes einzelne Kapitel durchlaufend geführt.

Die räumlichen Figuren im zweiten Teil sind senkrechte Projektionen.

In der Tafel II des Anhangs ist derjenige Winkel, der am meisten von einer vollen Sekundenzahl abweicht, stets so abgerundet worden, daß die Winkelsumme genau 180° ergibt. Dreiecke mit unrunden Seitenzahlen stellt man sich aus den in Tafel II angegebenen durch Multiplikation der Seiten mit einem gemeinsamen Faktor her.

Anmerkung zur 5. Auflage.

Um den zugleich meisterhaften und persönlichen Stil der Darstellung zu erhalten, wurden die Änderungen beschränkt auf solche, die durch veränderte Zeitumstände nötig waren. An Stelle früherer Verweise auf andere Werke wurden zwei kurze Anhänge hinzugefügt.

Einleitung.

§ 1. Der Funktionsbegriff.

Wenn der Wert einer Größe u von den Werten anderer Größen x, y, z usw. abhängt und durch deren Angabe mitbestimmt wird, so nennt man u eine „**Funktion**“ der Größen x, y, z usw. und diese die „**Argumente**“ der Funktion. Der Wert einer Summe beispielsweise hängt davon ab, welche Werte wir den Summanden erteilen, und ist bestimmt, sowie diese gegeben sind; die Summe ist also eine „Funktion“ der Summanden; diese sind ihre „Argumente“. Analog ist das Produkt eine Funktion der Faktoren, die Differenz eine Funktion von Minuendus und Subtrahendus, der Quotient eine Funktion von Zähler und Nenner. Die Potenzen x^2, x^3 usw. sind Funktionen der Basis x, die Wurzeln Funktionen des Radikanden; der Logarithmus ist eine Funktion des Numerus. Bereits aus diesen wenigen elementaren Beispielen lassen sich durch Kombination unbegrenzt viele neue Funktionen bilden, wie $\sqrt{x^2 + y^2}$, $(x + y + z)^n$, $(\log x)^2$, $\log \log x$ usw.

Auch die Geometrie hat es mit der gegenseitigen Abhängigkeit von Größen zu tun und lehrt uns dadurch Funktionen kennen. Auf Grund der Kongruenzsätze ist beispielsweise ein Dreieck der Gestalt und Größe nach durch seine drei Seiten vollständig bestimmt; es sind also seine

Winkel, Höhen, Winkelhalbierenden, sein Inhalt sowie die Um-, In- und Ankreisradien usw. „Funktionen“ der Seiten. Auf Grund des Satzes von der Winkelsumme ist ferner jeder Dreieckswinkel eine Funktion der beiden andern, nämlich das Supplement ihrer Summe, und die Ähnlichkeitssätze sagen aus, daß die Seitenverhältnisse durch die Winkel bestimmt, also Funktionen der Winkel sind, und umgekehrt. Die Hypotenuse eines rechtwinkligen Dreiecks ist eine Funktion der Katheten, die Diagonalen eines Vierecks sind Funktionen seiner Seiten und Winkel, der Inhalt einer Pyramide ist eine Funktion der Höhe und des Inhaltes der Basis.

§ 2. Die Ermittelung der Funktionswerte.

Jede Funktion stellt uns vor die Aufgabe, aus gegebenen Werten der Argumente den zugehörigen Funktionswert zu ermitteln. Bei arithmetisch definierten Funktionen geschieht dies durch Rechnung; die Werte von Summen, Differenzen, Produkten, Quotienten und Wurzeln bestimmen wir durch Addieren, Subtrahieren, Multiplizieren, Dividieren und Radizieren. Den Logarithmus schlagen wir zwar in einer Tafel auf, aber auch diese ist natürlich durch Berechnung entstanden.

Bei geometrisch definierten Funktionen ist dagegen die nächstliegende Ermittelung der Werte die sogenannte **„graphische“** (konstruktive, zeichnerische): aus den Argumenten, d. h. aus irgendwelchen zur Bestimmung einer Figur notwendigen und hinreichenden Stücken (etwa den drei Seiten eines Dreiecks) konstruiert man diese Figur durch Zeichnung, nötigenfalls unter Vergrößerung oder Verkleinerung des Maßstabes, und mißt an ihr die Funktionswerte, d. h. die Größen der übrigen, durch die gegebenen mitbestimmten Stücke (etwa die Winkel, Höhen usw. des aus drei Seiten gezeichneten Dreiecks) aus.

Die Genauigkeit dieser graphischen Methode ist bei unsern üblichen Zeichenmaterialien und Werkzeugen eine drei-, bestenfalls vierstellige. Wo diese ausreicht, z. B. bei zahlreichen Aufgaben der Technik, findet in der Tat die graphische Methode ausgiebige Verwendung. **Andere** praktische Bedürfnisse aber, wie die meisten der Geodäsie und der Astronomie, erheischen größere Genauigkeiten, und eine theoretisch vollständige Lösung einer Aufgabe muß im Prinzip jeden verlangten Genauigkeitsgrad überhaupt zu erreichen gestatten. Daher ergibt sich auch für **geometrisch** definierte Funktionen die Forderung, die zu gegebenen Argumentwerten gehörenden Funktionswerte **durch Rechnung** zu ermitteln.

Da Zeichnungen auf ebenen Flächen ausgeführt werden, scheint das graphische Verfahren räumlichen Aufgaben gegenüber zu versagen. Jedoch lehrt ein besonderer Zweig der Geometrie, die „darstellende Geometrie", wie räumliche Figuren durch ebene Bilder darzustellen und räumliche Messungen und Konstruktionen an diesen Bildern auszuführen sind. Ebensowenig ist das graphische Verfahren dadurch beschränkt, daß unsere üblichen Zeicheninstrumente nur einen begrenzten Bereich von Aufgaben theoretisch exakt zu lösen gestatten. Man kann allerdings mit Zirkel und Lineal einen Winkel nicht exakt in drei Teile teilen, einen Kreis exakt weder rektifizieren noch quadrieren u. a. m.; wohl aber lassen sich solche Aufgaben näherungsweise mit genau derselben Genauigkeit lösen, auf die das graphische Verfahren ohnehin beschränkt ist. Einen Winkel teilt man nicht nur in drei und mehr, sondern auch schon in zwei gleiche Teile am zweckmäßigsten und schnellsten durch systematisches Probieren, und für die zeichnerische Rektifikation des Kreises genügt z. B. die Kochanskysche Näherungskonstruktion völlig

Dagegen büßt das graphische Verfahren seinen wesentlichen Vorzug, den der gedanklichen Einfachheit, gegenüber dem rechnerischen sehr bald ein, sowie die erforderlichen Konstruktionen sich komplizieren.

§ 3. Die Berechnungsmethoden der Elementargeometrie.

Den ältesten zwingenden Anlaß zur rechnerischen Lösung geometrischer Aufgaben hat zweifellos die Flächenmessung gegeben; denn einerseits ist sie so alt, wie der geregelte Ackerbau und die Bodenverteilung, andererseits aber ist ihre direkte Ausführung durch Instrumente, die die Größe einer Fläche ebenso unmittelbar angeben, wie Maßstab und Transporteur diejenige von Strecken und Winkeln, erst im vergangenen Jahrhundert gelungen, und die grundlegenden Gedanken dieser, „Planimeter" gegenannten Flächenmeßinstrumente sind nichts weniger als elementar. Es mußten darum von alters her die Flächengrößen auf dem Umwege der Rechnung aus direkt meßbaren Längen und Winkeln ermittelt werden, wobei übrigens von letzteren nur der rechte Winkel benötigt wurde.

Die Methoden der Flächenberechnung haben nun über das ursprüngliche Ziel hinausgeführt und auch die Berechnung von Längen ermöglicht, wofür der Pythagoreische Lehrsatz das älteste und bedeutsamste Beispiel bietet. Mit seiner und der Proportionenlehre Hilfe vermochte alsdann die Elementargeometrie alle Zusammenhänge zwischen Strecken und Flächen überhaupt, zunächst am Dreieck, dann aber auch an allen aus Dreiecken aufgebauten Figuren (Polygonen und Polyedern) zu beherrschen. Wir wollen die grundlegenden Formeln für das Dreieck hier zusammenstellen, nachdem wir zuvor die im folgenden ständig zu benutzende Bezeichnung festgelegt haben. Es seien benannt mit:

A, B, C	die Ecken des Dreiecks,
α, β, γ	die zugehörigen Winkel,
a, b, c	die ihnen gegenüberliegenden Seiten,
h_a, h_b, h_c	die zugehörigen Höhen,
H_a, H_b, H_c	ihre Fußpunkte auf a, b, c,
b_a und c_a	die Projektionen H_aC und H_aB von b und c auf a (analog $a_b = H_bC$ usw.),
$r, \varrho, \varrho_a, \varrho_b, \varrho_c$	die Halbmesser und
M, O, O_a, O_b, O_c	die Mittelpunkte des Umkreises, des Inkreises und der drei den Ecken A, B, C gegenüberliegenden Ankreise,
F	der Flächeninhalt des Dreiecks.

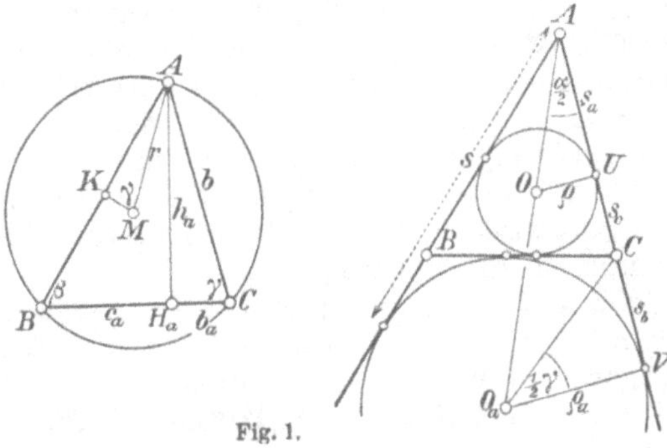

Fig. 1.

Endlich setzen wir zur Abkürzung:

$$\text{(I)} \quad \begin{cases} a+b+c=2s, & -a+b+c=2s_a, \\ a-b+c=2s_b, & a+b-c=2s_c; \end{cases}$$

dann ist s der halbe Dreiecksumfang und:

$$\text{(II)} \quad \begin{cases} s_a = s-a, \quad s_b = s-b, \quad s_c = s-c, \\ s_a + s_b + s_c = s, \\ s_a + s_b = c, \quad s_b + s_c = a, \quad s_c + s_a = b. \end{cases}$$

Die Tangenten von den Ecken: A, B, C
an den Inkreis haben die Längen: s_a, s_b, s_c,
an den A gegenüberliegenden Ankreis: s, s_c, s_b [1]).

Aus der Elementargeometrie sind folgende Formeln bekannt [2]):

$$\text{(III)}\ a^2 = b^2 + c^2 \mp 2cb_c; \quad \text{(IV)}\ F^2 = s\,s_a\,s_b\,s_c;$$

$$\text{(V)}\ 2F = a h_a = b h_b = c h_c; \quad \text{(VI)}\ 4rF = abc;$$

$$\text{(VII)} \qquad F = \varrho s = \varrho_a s_a = \varrho_b s_b = \varrho_c s_c.$$

Bei gegebenen Seiten [3]) findet man b_a, a_b usw. aus (III), F aus (IV), danach die Höhen aus (V), r aus (VI), ϱ, ϱ_a usw. aus (VII). Dagegen suchen wir unter unsern Formeln vergeblich nach solchen, in denen die Winkel α, β, γ aufträten, und vermögen daher nur in speziellen Fällen über diese etwas auszusagen. Beispielweise wissen wir, daß, wenn $a = b = c$, so $\alpha = \beta = \gamma = 60^0$, oder daß, wenn $a^2 + b^2 = c^2$, so $\gamma = 90^0$ ist; in diesem zweiten Beispiele aber ist uns wiederum über die Größe der spitzen Winkel α, β keine allgemeine Aussage möglich.

In der Tat liefert uns die Elementargeometrie keine methodischen Handhaben zur Berechnung von Winkelgrößen; diese Lücke auszufüllen, ist die Aufgabe der **„Trigonometrie“**.

---

1) Berührt der Inkreis die Seiten BC, CA und AB in T bzw. U bzw. W, so ist $AU = AW$, $BW = BT$, $CT = CU$. Nennen wir diese drei Längen der Reihe nach x, y und z, so ist $y + z = a,\ z + x = b,\ x + y = c,$
$2s_a = b + c - a = 2x$, also $x = s_a$ und ebenso $y = s_b$, $z = s_c$. Nehmen wir statt des Inkreises den A gegenüberliegenden Ankreis, aber dieselben Bezeichnungen, so liegt jetzt B zwischen A und W, C zwischen A und U; daher wird
$y + z = a,\ b + z = x,\ c + y = x,\ 2s = y + z + x - z + x - y = 2x,$
$2s_b = y + z + z - x + x - y = 2z$, also $x = s$, $z = s_b$ und ebenso $y = s_c$.

2) Die Beweise sind im Anhang (S. 166) gegeben.

3) Für $a = 13$, $b = 14$, $c = 15$ wird $s = 21$, $s_a = 8$, $s_b = 7$, $s_c = 6$, $F = 84$, $h_a = 12{,}9$, $h_b = 12$, $h_c = 11{,}2$, $r = 8{,}125$, $\varrho = 4$, $\varrho_a = 10{,}5$, $\varrho_b = 12$, $\varrho_c = 14$. **Der Leser berechne auch a_b usw. und zeichne das Dreieck zum Vergleich der berechneten Stücke mit den gemessenen. Die Winkel s. Kap. III, § 15.**

§ 4. Trigonometrie und Elementargeometrie.

Die Formeln (I) bis (VII) des vorigen Paragraphen sind sämtlich sogenannte „algebraische" Gleichungen, das heißt: es werden mit den in ihnen auftretenden Größen keinerlei andere Operationen vorgenommen, als Additionen, Subtraktionen und Multiplikationen[1]). Überhaupt lassen sich sämtliche elementargeometrisch ableitbaren rechnerischen Beziehungen durch algebraische Gleichungen darstellen, insbesondere können die mit Lineal und Zirkel konstruierbaren Streckengrößen mit Gleichungen ersten und zweiten Grades berechnet werden.

Wenn sich die Abhängigkeit einer Funktion von ihren Argumenten durch eine algebraische Gleichung ausdrücken läßt, so wird auch die Funktion selbst als „algebraisch" bezeichnet. Beispiele algebraischer Funktionen sind Summe, Differenz, Produkt, Quotient, Wurzel[2]), sowie alle Kombinationen dieser fünf Funktionen, etwa $\sqrt[3]{x + \sqrt{x}}$ usw.[3]). Eine Funktion, deren Zusammenhang mit ihren Argumenten algebraisch nicht darstellbar ist, heißt transzendent. Eine solche ist z. B. der Logarithmus.

Nunmehr können wir das Verhältnis der Trigonometrie zur Elementargeometrie folgendermaßen präzisieren: Die Beziehungen zwischen Winkeln und Strecken sind nicht durch algebraische Gleichungen dar-

---

[1]) Die Potenz (z. B. F^2 in (IV)) ist ein Produkt aus gleichen Faktoren, entsteht also ebenfalls durch Multiplikation.

[2]) Für Summe, Differenz und Produkt ist dies ohne weiteres klar; der Quotient $u = x : y$ und die $n$te Wurzel w aus x hängen mit ihren Argumenten definitionsgemäß durch die algebraischen Gleichungen $yu = x$ und $w^n = x$ zusammen.

[3]) Man hüte sich vor der (leider in manchen Lehrbüchern ausgesprochenen) falschen Auffassung, daß mit diesen Beispielen alle algebraischen Funktionen erschöpft seien. Die Lösungen algebraischer Gleichungen höheren als vierten Grades sind im allgemeinen nicht durch Additionen, Subtraktionen, Multiplikationen, Divisionen und Wurzelausziehungen darstellbar!

stellbar, sondern transzendent. Darum sind sie der mit rein algebraischen Methoden arbeitenden Elementargeometrie unzugänglich, und die Trigonometrie bedarf zu ihrer Darstellung neuer, transzendenter Funktionen, der sogenannten **„trigonometrischen Funktionen“**, die wir alsbald kennen lernen werden.

Die Transzendenz der trigonometrischen Funktionen ist wesentlich leichter einzusehen als diejenige des Logarithmus (die wir hier überhaupt nicht beweisen können) und folgt beinahe unmittelbar aus ihrer Periodizität (§ 11). Daraus, daß eine algebraische Gleichung höchstens so viel Lösungen hat, wie ihr Grad angibt, folgt nämlich leicht, daß eine algebraische Funktion eines Argumentes x irgendeinen ihrer möglichen Werte nur für endlich viele Werte von x annehmen kann (beispielsweise x^2 den Wert 9 nur für $x=3$ und $x=-3$, oder x^3-6x^2+11x den Wert 6 nur für $x=1$, $x=2$ und $x=3$). Dagegen nimmt beispielsweise der Sinus den Wert 0 für alle Vielfachen des gestreckten, der Kosinus den Wert 1 für alle Vielfachen des vollen Winkels an, also unendlich oft, weshalb beide keine algebraischen Funktionen sein können.

Erster Teil.

Ebene Trigonometrie.

Erstes Kapitel.

Das rechtwinklige Dreieck.

§ 5. Die trigonometrischen Funktionen spitzer Winkel.

Die Seitenverhältnisse des bei C rechtwinkligen Dreiecks ABC sind **Funktionen** des spitzen Winkels α, das heißt: sie sind durch dessen Angabe allein vollständig bestimmt. Ist nämlich in irgend einem zweiten bei C' rechtwinkligen Dreieck $A'B'C'$ der Winkel α' gleich α (also auch $\beta' = \beta$, nämlich gleich dem Komplement $90^0 - \alpha$ von α), so sind die Dreiecke ähnlich, also $a:b = a':b'$, $a:c = a':c'$ usw.

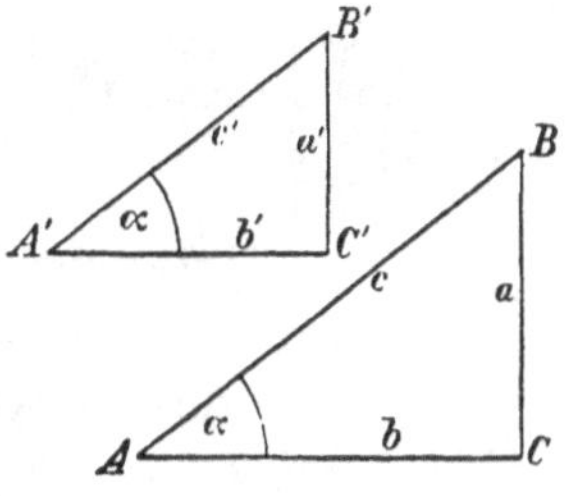

Fig. 2.

Diese Seitenverhältnisse heißen die **„trigonometrischen“** Funktionen des Winkels α. Außerdem führt jedes noch einen besonderen Namen, den wir uns sorgfältig einprägen müssen. Wir ordnen sie der Übersicht halber in drei Gruppen, je nachdem die Gegenkathete a, die Ankathete b des Winkels α, oder die Hypotenuse c im Zähler steht.

a) Sinus und Tangente.

Die Gegenkathete steht im Zähler.

Das Verhältnis $a : c$ heißt der „Sinus" des Winkels α, in Zeichen „$\sin\alpha$", zu lesen „Sinus alpha".

Sinus gleich Gegenkathete durch Hypotenuse.

$$\sin\alpha = a : c.$$

Das Verhältnis $a : b$ heißt die „Tangente"[1]) des Winkels α, in Zeichen „$\operatorname{tg}\alpha$" (auch $\operatorname{tang}\alpha$), zu lesen „Tangens alpha".

Tangens gleich Gegenkathete durch Ankathete.

$$\operatorname{tg}\alpha = a : b.$$

Über den Ursprung des Namens „Sinus" ist nichts zuverlässiges bekannt; über denjenigen von „Tangens" vgl. § 13, Anm. 2.

b) Kosinus und Kotangente.

Die Ankathete steht im Zähler.

Das Verhältnis $b : c$ heißt der „Kosinus" des Winkels α, in Zeichen „$\cos\alpha$" (auch $\operatorname{cosin}\alpha$), zu lesen „Kosinus alpha".

Kosinus gleich Ankathete durch Hypotenuse.

$$\cos\alpha = b : c.$$

---

[1]) Ausführlicher die „trigonometrische Tangente", falls Verwechslungen mit anderen Bedeutungen des Wortes „Tangente" zu befürchten sind.

Das Verhältnis $b:a$ heißt die „Kotangente" des Winkels α, in Zeichen „$\cot\alpha$" (auch $\operatorname{cotg}\alpha$, $\operatorname{ctg}\alpha$), zu lesen „Kotangens alpha".

Kotangens gleich Ankathete durch Gegenkathete.

$$\cot\alpha = b:a.$$

Über den Ursprung der Namen vgl. § 5d.

c) Sekante und Kosekante.

Die Hypotenuse steht im Zähler.

Es heißt $c:b$ (Hypotenuse durch Ankathete) die „Sekante", $c:a$ (Hypotenuse durch Gegenkathete) die „Kosekante" von α, in Zeichen „$\sec\alpha$" (Sekans alpha) und „$\operatorname{cosec}\alpha$" (Kosekans alpha). Diese Namen werden nur wenig gebraucht, in diesem Buche gar nicht; über den Ursprung vgl. § 5d und § 13, Anm. 2.

d) Die Komplementensätze.

Für den zweiten spitzen Winkel $\beta = 90^0 - \alpha$ des Dreiecks ist b die Gegen-, a die Ankathete; daher ist $\sin\beta = b:c = \cos\alpha$, $\operatorname{tg}\beta = b:a = \cot\alpha$ usw., ausführlicher:

Kosinus gleich Sinus des Komplements,
Kotangente gleich Tangente des Komplements.

$$\sin(90^0 - \alpha) = \cos\alpha, \quad \operatorname{tg}(90^0 - \alpha) = \cot\alpha.$$

Analog ist auch $\cos(90^0 - \alpha) = \sin\alpha$, $\cot(90^0 - \alpha) = \operatorname{tg}\alpha$ und $\sec(90^0 - \alpha) = \operatorname{cosec}\alpha$, $\operatorname{cosec}(90^0 - \alpha) = \sec\alpha$. Aus diesen Beziehungen sind die Namen Kosinus, Kotangente, Kosekante durch die Abkürzungen *co. sin, co. tg, co. sec* für „*complementi sinus, tangens, secans*" entstanden.

e) Die trigonometrischen Tafeln.

Mit der Benennung der Seitenverhältnisse ist für ihre Berechnung natürlich noch nichts gewonnen; es genügt aber einstweilen, daß diese in hinreichender Ausdehnung und Genauigkeit ausgeführt und in Tabellen niedergelegt ist, deren sichere Handhabung und Anwendung (genau ebenso wie beim Logarithmus) zunächst wichtiger ist als die Kenntnis ihrer Herstellung. Auch wird man zweckmäßig die für die Berechnung grundlegenden „Additionstheoreme" (Kap. IV) erst dann in Angriff nehmen, wenn man an leichteren, mit den Definitionen dieses Paragraphen und den Tabellen allein zu bewältigenden Aufgaben einige Vertrautheit mit dem Gegenstande erworben hat.

Ausführliche Anleitung zum Gebrauch der trigonometrischen Tafeln ist Sache des Unterrichts[1]; hier müssen einige Hinweise genügen.

1. Sekante und Kosekante sind entbehrlich und fehlen in den meisten Tafeln. Über die Bedeutung von **Ko**sinus und **Ko**tangente ist, da nicht nur die Vorsilbe **Ko**, sondern auch die ganze Einrichtung der Tabellen mit ihren „doppelten Eingängen" dauernd an die **Ko**mplementensätze erinnert, eine Unklarheit so gut wie ausgeschlossen, sofern man nur die Bedeutung von Sinus und Tangente jederzeit klar vor Augen hat. Diese beiden Quotienten aber „beginnen dem Winkel gegenüber", d. h. sie führen die Gegenkathete im Zähler. Den Nenner merkt man sich durch folgendes Hilfsmittel: T**a**ngente und Kot**a**ngente sind Quotienten von K**a**theten; dagegen

Kathete durch Hypoten**us'**
Gibt Sin**us** oder Kosin**us**.

2. Für das praktische Rechnen von untergeordneter Bedeutung, daher in den üblichen Tafeln gar nicht oder nur in geringem Umfang angeführt sind die Werte der trigonometrischen

[1]) Für den Selbstunterricht gibt es Tafeln mit genauer Gebrauchsanweisung, z. B. die Gauß'sche.

Funktionen selbst; man benutzt vielmehr stets ihre Logarithmen, also die Tafeln von $\log\sin\alpha$, $\log\operatorname{tg}\alpha$, $\log\cot\alpha$, $\log\cos\alpha$. Daher empfiehlt es sich für den Anfänger, jeder Rechnung einen Rechnungsplan, z. B. neben der Formel $\sin\alpha = a:c$ noch die statt ihrer tatsächlich zu verwendende $\log\sin\alpha = \log a - \log c$, voranzusetzen.

Unsere Beispiele sind fünfstellig ausgeführt; in den Schulen werden vierstellige Tafeln benutzt.

§ 6. Die Auflösung der rechtwinkligen Dreiecke.

Da die zu einem Winkel α gehörigen Zahlen $\sin\alpha$, $\operatorname{tg}\alpha$, $\cot\alpha$, $\cos\alpha$ die Seitenverhältnisse eines beliebigen rechtwinkligen Dreiecks mit dem spitzen Winkel α sind, so ist mit den trigonometrischen Tafeln das vollständige Material zur Auflösung der rechtwinkligen Dreiecke gegeben. Ein rechtwinkliges Dreieck kann bestimmt sein:

1. Durch einen spitzen Winkel α und seine Gegenkathete a.
   Man findet: $c = a:\sin\alpha$, $b = a\cot\alpha$.
   $$\text{Rechnungsplan}\begin{cases}\log c = \log a - \log\sin\alpha\,,\\ \log b = \log a + \log\cot\alpha\,.\end{cases}$$
2. Durch einen spitzen Winkel α und seine Ankathete b.
   Man findet: $c = b:\cos\alpha$, $a = b\operatorname{tg}\alpha$.
   $$\text{Rechnungsplan}\begin{cases}\log c = \log b - \log\cos\alpha\,,\\ \log a = \log b + \log\operatorname{tg}\alpha\,.\end{cases}$$
3. Durch einen spitzen Winkel α und die Hypotenuse c.
   Man findet: $a = c\sin\alpha$, $b = c\cos\alpha$.
   $$\text{Rechnungsplan}\begin{cases}\log a = \log c + \log\sin\alpha\,,\\ \log b = \log c + \log\cos\alpha\,.\end{cases}$$
4. Durch die Katheten a, b. Man findet $\operatorname{tg}\alpha = a:b$ (Rechnungsplan: $\log\operatorname{tg}\alpha = \log a - \log b$) und darauf c wie in 1.

5. Durch die Hypotenuse c und eine Kathete a. Man findet $\sin\alpha = a : c$ (Rechnungsplan: $\log\sin\alpha = \log a - \log c$) und darauf b wie in 1.

In allen 5 Fällen ist außerdem $\beta = 90^0 - \alpha$. Der Pythagoreische Lehrsatz kann als Probe und in 4. und 5. auch zur direkten Berechnung von c bzw. b angewandt werden; letzteres empfiehlt sich aber nur, wenn eine ausführliche Quadratzahlentabelle verfügbar ist, oder wenn, wie in zweien der nachfolgenden Beispiele, die gegebenen Seiten runde Maßzahlen haben.

Erstes Beispiel. $a = 12$, $\alpha = 67^0\ 22'\ 48''$.

$$\begin{aligned} \log a &= 1.07918 \\ -\log\sin\alpha &= -9.96524 + 10 \\ \log\cot\alpha &= 9.61979 - 10 \\ \hline \log c &= 1.11394, \quad c = 13{,}000, \\ \log b &= 0.69897, \quad b = 5{,}000. \end{aligned}$$

Probe: $12^2 + 5^2 = 13^2$.

Zweites Beispiel. $c = 21{,}746$, $\alpha = 38^0\ 21'\ 47''$.

$$\begin{aligned} \log c &= 1.33738 \\ \log\sin\alpha &= 9.79285 - 10 \\ \log\cos\alpha &= 9.89437 - 10 \\ \hline \log a &= 1.13023, \quad a = 13{,}497, \\ \log b &= 1.23175, \quad b = 17{,}051, \end{aligned}$$

Probe mit der Quadratzahlentabelle:

$$a^2 = 182{,}17, \quad b^2 = 290{,}73.$$

$$c^2 = 472{,}89, \quad a^2 + b^2 = 472{,}90.$$

Drittes Beispiel. $a = 3$, $c = 5$; also $b = \sqrt{25 - 9} = 4$.

$$\sin\alpha = 0{,}6, \quad \log\sin\alpha = 9.77815 - 10 = \log\cos\beta.$$

$$\cos\alpha = 0{,}8, \quad \log\cos\alpha = 9.90309 - 10 = \log\sin\beta.$$

$$\alpha = 36^0\ 52'\ 11'', \quad \beta = 53^0\ 7'\ 49''.$$

§ 7. Erste Anwendungen.

a) Das gleichschenklige Dreieck.

Ein gleichschenkliges Dreieck mit der Basis c wird durch h_c in zwei kongruente rechtwinklige Dreiecke ACH_c, BCH_c zerlegt; aus diesen ergibt sich:

$$\sin \tfrac{1}{2}\gamma = \cos\alpha = \tfrac{1}{2}c : a,$$

also

$$c = 2a \sin \tfrac{1}{2}\gamma.$$

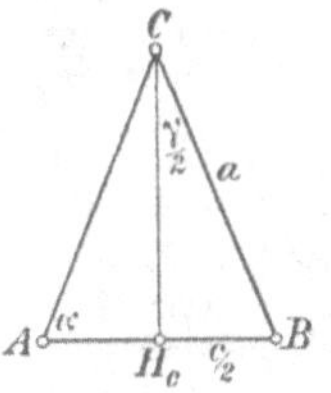

Fig. 3.

b) Das Rechteck.

Ein Rechteck mit den Seiten x, y wird durch die Diagonale r in zwei kongruente rechtwinklige Dreiecke zerlegt; bezeichnet φ den Winkel zwischen x und r, so ist:

$$x = r\cos\varphi; \quad y = r\sin\varphi;$$
$$\operatorname{tg}\varphi = y : x; \quad r^2 = x^2 + y^2.$$

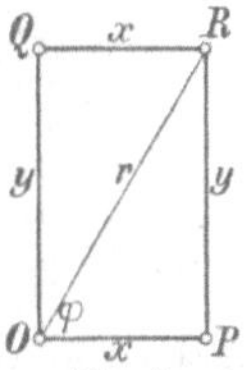

Fig. 4.

c) Der Sehnensatz: Das Verhältnis der Sehne l eines Kreises zum Durchmesser $2r$ ist der Sinus des spitzen über l stehenden Peripheriewinkels λ:

$$\sin\lambda = l : 2r, \quad l = 2r\sin\lambda.$$

Sind P, Q die Endpunkte von l, M der Mittelpunkt des Kreises, so folgt die Behauptung nach a) aus dem gleichschenkligen Dreieck PMQ, da dessen Winkel bei M nach dem Peripheriewinkelsatz gleich 2λ ist.

Ist P' der zweite Endpunkt des Durchmessers PP', so ist $\triangle PQP'$

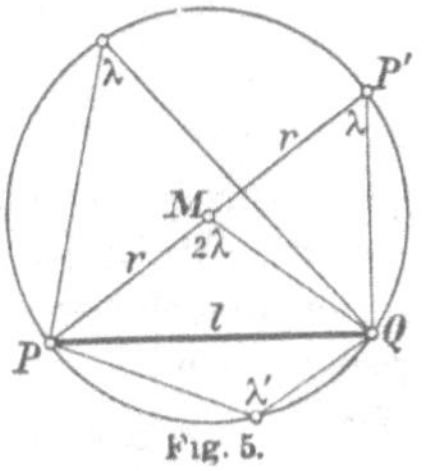

Fig. 5.

bei Q rechtwinklig, bei P' liegt $\sphericalangle \lambda$; daraus ergibt sich wiederum die Behauptung.

Anmerkung 1. Die Beschränkung auf spitze Peripheriewinkel wird im zweiten Kapitel durch Definition von $\sin \lambda$ auch für stumpfes λ und $\lambda = 90°$ entbehrlich gemacht. Der stumpfe, über l stehende Peripheriewinkel ist gleich $180° - \lambda$, und es wird sich zeigen, daß $\sin(180° - \lambda) = \sin \lambda$ ist. Wird l ein Durchmesser, also $\lambda = 90°$ (Thales), so bleibt der Sehnensatz, weil $\sin 90° = 1$ wird, ebenfalls gültig.

Anmerkung 2. Das Verhältnis $l : r$ nennt man zuweilen die „Chorde" des Zentriwinkels $\gamma = PMQ$, in Zeichen chord γ (gelesen „Chorda gamma"; lat. chorda = Sehne). Auf Grund des Sehnensatzes ist chord $\gamma = 2 \sin \frac{1}{2}\gamma$, weshalb der Name Chorda überflüssig ist: Halbiert man in einer Chordentabelle die Funktions- und Argumentwerte, so erhält man eine Sinustabelle. (Und umgekehrt: verdoppelt man . . .)

Bereits die alexandrinischen Mathematiker des Altertums besaßen Chordentabellen.

Beispiele. Wie groß ist nach a) $\cos 60°$ (man betrachte das gleichseitige Dreieck), nach b) $\operatorname{tg} 45°$ ($x = y$, Quadrat), nach c) $\sin 30°$ ($l = r$, Zentriwinkel gleich ?).

§ 8. Die algebraischen Gleichungen zwischen den Funktionen desselben Winkels.

a) Allgemeine Divisionssätze.

Durch die Verhältnisse $a : c$ und $b : c$ irgend zweier Größen a, b zu einer dritten, c, sind auch die andern vier aus a, b, c zu bildenden Verhältnisse gegeben:

$$\text{(I)} \begin{cases} c : a = 1 : (a : c), & c : b = 1 : (b : c), \\ a : b = (a : c) : (b : c), & b : a = (b : c) : (a : c) = 1 : (a : b). \end{cases}$$

Wenn insbesondere a, b die Katheten eines rechtwinkligen Dreiecks mit der Hypotenuse c sind, so lauten diese Gleichungen, in den Namen der Seitenverhältnisse geschrieben:

$$\text{(II)} \quad \operatorname{cosec} \alpha = 1 : \sin \alpha, \quad \text{(III)} \quad \sec \alpha = 1 : \cos \alpha$$

(IV) $\operatorname{tg}\alpha = \sin\alpha : \cos\alpha$, (V) $\cot\alpha = \cos\alpha : \sin\alpha$,

(VI) $\cot\alpha = 1 : \operatorname{tg}\alpha$.

Anmerkung 1. Auf Grund von (II) und (III) sind die Namen $\sec\alpha$, $\operatorname{cosec}\alpha$ entbehrlich. Würde freilich mit den Zahlen $\sin\alpha$, $\cos\alpha$ selbst gerechnet, so könnte eine Tafel ihrer reziproken Werte $\operatorname{cosec}\alpha$, $\sec\alpha$ manche Rechnung ersparen. In den ausschließlich benutzten Logarithmen aber lauten (II, III):

$$\log \operatorname{cosec}\alpha = -\log\sin\alpha\,,\quad \log\sec\alpha = -\log\cos\alpha\,,$$

und das Abziehen eines Logarithmen von Null (dekadische Ergänzung!) ist mühelos im Kopfe auszuführen.

Anmerkung 2. Aus (VI) folgt ebenso:

(VI') $\log\cot\alpha = -\log\operatorname{tg}\alpha$.

Warum schafft man daraufhin nicht ebenso die Kotangente ab? Man würde sich nur der zweiten Über- resp. Unterschrift der Tangentenspalte berauben, nicht aber eine Spalte sparen.

Wie folgt aus (VI'), daß in der Tabelle $\log\operatorname{tg}\alpha$ und $\log\cot\alpha$ dieselbe Differenzenspalte haben?

Aus (IV, V) folgt durch Logarithmierung:

$$\log\operatorname{tg}\alpha = \log\sin\alpha - \log\cos\alpha\,,$$
$$\log\cot\alpha = \log\cos\alpha - \log\sin\alpha\,.$$

Man prüfe einige Tafelwerte daraufhin. — Ist nicht hiernach die ganze Tangens-Kotangensspalte überhaupt entbehrlich? Wie wäre z. B. α aus a, b zu finden, wenn die Tafel nur die Sinus-Kosinusspalte enthielte?

b) Der Pythagoreische Lehrsatz.

Durch ein Seitenverhältnis ist ein rechtwinkliges Dreieck bereits der Gestalt nach bestimmt; es muß sich also jede der Funktionen $\sin\alpha$, $\cos\alpha$ usw. durch jede der andern allein ausdrücken lassen. Hierzu bedürfen wir außer (IV) einer weiteren Gleichung, und da (IV) aus den allgemeinen Größenbeziehungen (I) folgte, müssen wir nunmehr die Rechtwinkligkeit zu Hilfe nehmen. Ihr **Kriterium ist der Pythagoreische Satz, $a^2 + b^2 = c^2$.** Indem wir beide Seiten durch c^2 dividieren, erhalten wir seine trigonometrische Formulierung:

(VII) $$\sin^2\alpha + \cos^2\alpha = 1\,.$$

Hieraus folgt beispielsweise

(VIII) $$\sin^2\alpha = 1 - \cos^2\alpha = (1 - \cos\alpha)(1 + \cos\alpha)$$

und mit (IV) zusammen:

(IX) $$\operatorname{tg}\alpha = \sqrt{1 - \cos^2\alpha} : \cos\alpha\,,$$

und umgekehrt:

(X) $$\cos\alpha = 1 : \sqrt{1 + \operatorname{tg}^2\alpha}\,.$$

Anmerkung 3. Das Verhältnis $p:q$ zweier Größen ist die Maßzahl der ersten, p, wenn die zweite, q, als Maßeinheit gewählt wird. So sind $\sin\alpha$ und $\cos\alpha$ die durch die Hypotenuse gemessenen Katheten. Setzt man in der Tat $c = 1$, so wird $a = \sin\alpha$, $b = \cos\alpha$, womit $a^2 + b^2 = c^2$ unmittelbar in $\sin^2\alpha + \cos^2\alpha = 1$, sowie $\operatorname{tg}\alpha = a : b$ in $\operatorname{tg}\alpha = \sin\alpha : \cos\alpha$ übergeht. Welche Relationen erhält man, wenn man a oder b (Fig. 7) als Maßeinheit wählt?

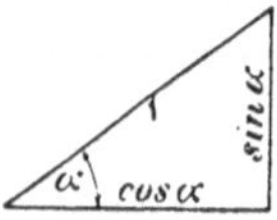

Fig. 6.

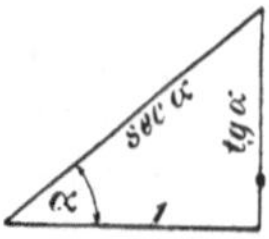

Fig. 7.

Zur Übung beweise der Leser noch folgende Beziehungen:

(XI) $$\operatorname{tg}\alpha = \sin\alpha : \sqrt{1 - \sin^2\alpha}\,,\quad \sin\alpha = \operatorname{tg}\alpha : \sqrt{1 + \operatorname{tg}^2\alpha}$$

und drücke analog $\cot\alpha$, eventuell auch $\sec\alpha$, $\operatorname{cosec}\alpha$ durch $\sin\alpha$ oder $\cos\alpha$ oder $\operatorname{tg}\alpha$ und diese durch jene aus.

Beispiele. Wie groß sind die Werte der andern Funktionen, wenn gegeben ist:

1) $\operatorname{tg}\alpha = \frac{1}{2}$, 2) $\operatorname{tg}\alpha = \frac{3}{4}$,
3) $\cos\alpha = \frac{5}{13}$, 4) $\sin\alpha = \frac{1}{2}$, 5) $\sin\alpha = \frac{2}{3}$,
6) $\operatorname{tg}\alpha = 2u : (1 - u^2)$, wobei u irgend eine Zahl zwischen 0 und 1, z. B. $u = \frac{1}{2}$, $u = \frac{1}{3}$, $u = \frac{2}{3}$ usw. ist?

Zweites Kapitel.

Die trigonometrischen Funktionen beliebiger Winkel.

§ 9. Der erste Quadrant.

a) Kartesische Koordinaten.

Auf den beiden Schenkeln eines rechten Winkels, von denen in den Figuren der „erste“ stets vom Scheitel O nach rechts, der „zweite“ stets nach oben gerichtet ist, bringen wir von O als Nullpunkt aus zwei Maßstäbe („Skalen“, gleichmäßige bezifferte Längenteilungen) von gleicher Längeneinheit an. Fällen wir dann von einem beliebigen Punkte R im Innern des Winkels die Lote auf die Schenkel, so lesen wir in deren Fußpunkten P und Q, den „Projektionen“ von R, auf den Maßstäben zwei Zahlen x und y ab. Von diesen bestimmt x als Maß der Länge OP die Lage von P auf dem ersten, y ebenso diejenige von Q auf dem zweiten Schenkel eindeutig, wodurch auch die Lage des Schnittpunktes R der in P und Q auf den Schenkeln errichteten Lote eindeutig bestimmt ist.

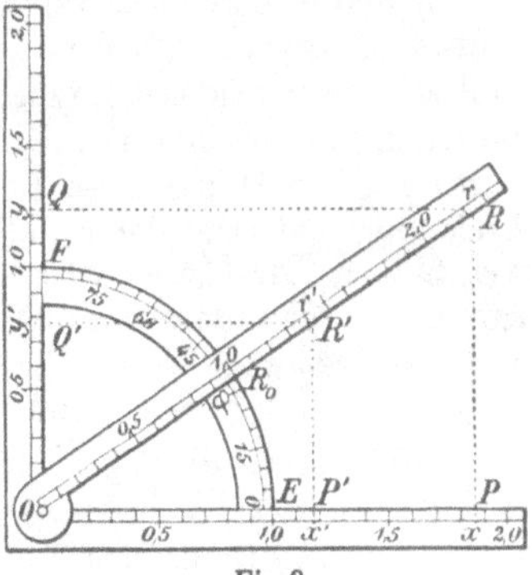

Fig. 8.

Größen, welche zu Lagenbestimmungen dienen, werden als „Koordinaten“ bezeichnet. Nach Renatus Cartesius (René Descartes, 1596—1650), der sie zuerst systematisch anwandte, heißen x, y die „kartesischen“ Koordinaten des Punktes R; im einzelnen heißt x die „Abszisse“, y die „Ordinate“.

b) Polarkoordinaten.

Wir können die Lage von R auch durch die Maßzahlen r und φ der Länge OR und des Winkels ROP bestimmen; sie heißen die „Polarkoordinaten“ von R, im einzelnen r der „Radius“, φ die „Phase“ (auch „Azimut“, „Amplitude“, „Anomalie“); r kann auf einer geraden, mit ihrem Nullpunkt drehbar in O befestigten Skala, wenn wir sie an OR anlegen, in R abgelesen werden, ebenso φ im Schnitt R_0 von OR mit einem Transporteur, dessen Mittelpunkt in O, dessen Nullpunkt E auf OP liegt. Wir messen natürlich x, y und r in ein und derselben Längeneinheit und verwenden diese zugleich als Radius des Transporteurs, der deshalb als „Einheitskreis“ bezeichnet wird; in den Schnittpunkten E, F, R_0 mit dem Einheitskreis steht auf jeder der geraden Skalen OP, OQ, OR die Zahl 1. Die Phase wird gemessen in Graden, Minuten und Sekunden oder in Neugraden, d. h. Hundertsteln des rechten Winkels (vgl. § 33, Anmerkung 4).

c) Sinus und Kosinus.

Durch r, φ ist die Lage von R, durch diese sind x und y bestimmt; x und y sind also Funktionen von r und φ, und zwar sind $x:r$ und $y:r$ Funktionen von φ allein, d. h. für zwei verschiedene Punkte R, R' desselben Halbstrahls durch O ist $x':r' = x:r$, $y':r' = y:r$, was unmittelbar aus der Ähnlichkeit der Rechtecke $OP'Q'R'$ und $OPQR$ folgt. Aus § 7 b wissen wir bereits, daß diese Funktionen $x:r$ und $y:r$ der Kosinus und Sinus von φ sind; wir können daher unsere bisherige Definition dieser Funktionen durch die andere ersetzen:

Kosinus gleich Abszisse durch Radius, Sinus gleich Ordinate durch Radius:

$$\cos\varphi = x:r\,,\quad \sin\varphi = y:r\,.$$

Wählen wir insbesondere R auf dem Einheitskreis, also $r = 1$. so lautet diese Definition:

Der Kosinus von φ ist die Abszisse x_0, der Sinus die Ordinate y_0 des zur Phase φ gehörigen Punktes R_0 des Einheitskreises.

Diese Definition ermöglicht uns, den Bereich, innerhalb dessen bisher $\cos\varphi$ und $\sin\varphi$ definiert waren, zu erweitern, zunächst auf die Winkel 0^0 und 90^0, die unter den spitzen Innenwinkeln rechtwinkliger Dreiecke ausgeschlossen waren, nun aber als Phasen der Halbstrahlen OE und OF auftreten. Es ist für jeden von O verschiedenen Punkt R auf $OE: \varphi = 0^0$, $x = r$, $y = 0$, auf $OF: \varphi = 90^0$, $x = 0$, $y = r$; daher ist:

(I) $\quad \mathbf{\cos 0^0 = 1,\ \sin 0^0 = 0;\ \cos 90^0 = 0,\ \sin 90^0 = 1.}$

Auch für diese Werte gelten der Pythagoreische und der Komplementensatz. Im Punkte O ist, da er allen Halbstrahlen durch O angehört, φ völlig unbestimmt, ebenso aber auch $x:r$ und $y:r$, weil $x = y = r = 0$ wird; darum sind aber wieder unsere Definitionsgleichungen für alle Punkte R einschließlich O gültig, wenn wir sie schreiben:

(II) $$\boldsymbol{x = r\cos\varphi,\quad y = r\sin\varphi.}$$

d) Der Komplementensatz.

Um von unserer neuen Definition aus den Komplementensatz zu beweisen, zerlegen wir den Quadranten EOF durch seine Halbierungslinie OG in zwei Oktanten EOG, GOF, und bringen diese durch Umklappung um OG (z. B. indem wir das Papier durch einen Kniff längs OG falten) zur Deckung miteinander. Dabei decken sich die beiden Hälften EG, GF der Phasenskala derart, daß 0° auf 90°, 1° auf 89°, 2° auf 88°, allgemein der Punkt R_0 mit der Phase φ auf den Punkt R_1 mit der Phase $\varphi_1 = 90° - \varphi$ fällt. Von den Projektionen fällt dabei P_0 auf Q_1, Q_0 auf P_1, so daß sich x_0 und y_1, y_0 und x_1 decken. Nun decken sich aber die Skalen OE und OF „**gleichzahlig**“, d. h. so, daß jede Zahl auf die ihr gleiche fällt: es ist also $x_0 = y_1$, $y_0 = x_1$, und weil $x_0 = \cos\varphi$, $y_0 = \sin\varphi$, $x_1 = \cos\varphi_1$, $y_1 = \sin\varphi_1$, $\varphi_1 = 90° - \varphi$ ist, ergibt sich der Komplementensatz. Dieser Beweis zeigt besonders anschaulich, daß eine Tabelle des ersten Oktanten auch den zweiten Oktanten beherrscht; das Umrechnen der Winkel von 45° bis 90° auf ihr Komplement wird durch den zweiten Eingang der Tabelle erspart.

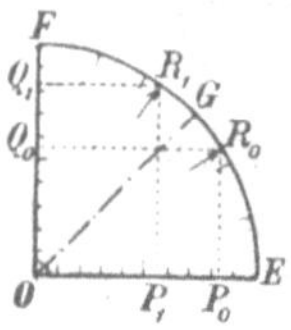

Fig. 9.

§ 10. Der zweite Quadrant.

a) Sinus und Kosinus.

Setzen wir die Kreisskala über F hinaus bis 180° im Punkte E' fort, so liegt E' auf der rückwärtigen Verlängerung von OE, und wir werden sinngemäß die Abszissenskala rückwärts, d. h. mit negativer Bezifferung verlängern, so daß in E' die Ziffer -1 steht. Nunmehr ist auch jedem Punkt R des „zweiten“ Quadranten FOE' eine Abszisse x und eine Ordinate y zugeordnet; y bestimmt wie zuvor die Lage der Projektion Q auf OF, x diejenige von P auf OE', und zwar mit dem Absolutbetrag die Länge von OP, mit dem Vorzeichen die Richtung, in der diese Länge abzutragen ist. Radius und Phase ergeben sich genau wie früher. Für zwei Punkte R, R' desselben Halbstrahls durch O ist wieder $x':r'=x:r$, $y':r'=y:r$. Abgesehen vom Vorzeichen und vom Halbstrahl OE', folgt dies wieder aus der Ähnlichkeit der Rechtecke $OPQ'R'$, $OPQR$; das Vorzeichen aber ist (im ganzen zweiten Quadranten überhaupt) negativ für x und $x:r$, positiv für y und $y:r$, und längs OE' ist $\varphi=180^0$, $x=-r$, $y=0$, also $x:r=-1$, $y:r=0$.

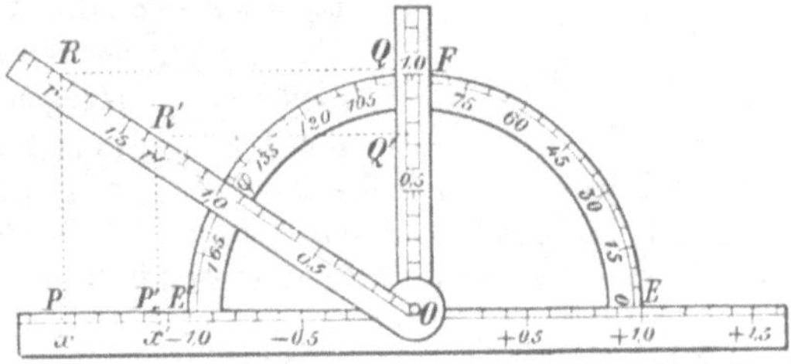

Fig. 10.

Wir nennen auch weiterhin die durch φ allein bestimmten Zahlen $x:r$, $y:r$ den Kosinus und Sinus von φ und haben damit diese Funktionen für alle konkaven (spitzen und stumpfen) Winkel erklärt. Insbesondere erhalten wir

(III) $$\cos 180^0 = -1, \quad \sin 180^0 = 0.$$

b) Der Vierteldrehungssatz.

Wir trennen durch einen Schnitt längs OF die beiden Quadranten und bezeichnen die nunmehr doppelt vorhandenen Punkte O, F im zweiten Quadranten mit $\bar{O}$, $\bar{F}$[1]). Legen wir sodann den ersten Quadranten — z.B. durch eine „Vierteldrehung" (den vierten Teil einer „Volldrehung"

[1]) Gelesen „O überstrichen, F überstrichen" oder kürzer „O quer F quer".

um 360°) — mit O auf $\overline{O}$, mit E auf $\overline{F}$, mit F auf E', und fällt hierbei der Punkt R_0 des Bogens EF auf den Punkt R_2 des Bogens $\overline{F}E'$, so decken sich auch die Projektionen P_0 und Q_2, Q_0 und P_2, also die Zahlen x_0 und y_2, y_0 und x_2. Die Phasen 0°, 1°, 2° usw. decken sich mit 90°, 91°, 92° und allgemein φ mit $\varphi_2 = 90° + \varphi$. Die Skalen OE und $\overline{OF}$ decken sich gleichzahlig, dagegen OF und $\overline{O}E'$ „gegenzahlig", d. h. so, daß jede Zahl auf die ihr entgegengesetzt gleiche fällt (z. B. +1 in F auf −1 in E'). Daher ist $y_2 = x_0$, $x_2 = -y_0$, woraus wir den **Vierteldrehungssatz** ablesen:

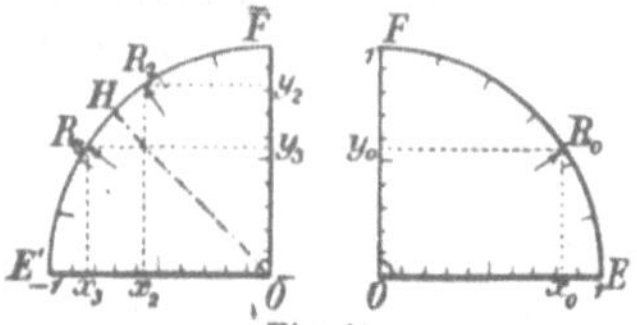

Fig. 11.

$$\text{(IV)}\quad \sin(90° + \varphi) = \cos\varphi,\quad \cos(90° + \varphi) = -\sin\varphi.$$

c) Der Supplementensatz.

Legen wir den ersten Quadranten — z. B. durch Umklappung um OF — mit O auf $\overline{O}$, mit E auf E', mit F auf $\overline{F}$, so deckt sich R_0 mit R_3, φ mit $\varphi_3 = 180° - \varphi$, x_0 mit x_3, y_0 mit y_3. Die Skalen OF und $\overline{OF}$ decken sich gleichzahlig, OE und $\overline{O}E'$ gegenzahlig; daher ist $y_3 = y_0$, $x_3 = -x_0$, woraus wir den **Supplementensatz** ablesen:

$$\text{(V)}\quad \sin(180° - \varphi) = \sin\varphi,\quad \cos(180° - \varphi) = -\cos\varphi:$$

Jeder der beiden Sätze (IV) (V) führt die Funktionen stumpfer Winkel in so einfacher Weise auf diejenigen spitzer Winkel zurück, daß eine Erweiterung der trigonometrischen Tafeln durch die Erweiterung unserer Definitionen nicht erforderlich wird. Was umgekehrt die Bestimmung eines Winkels durch seine Funktionen anlangt, so bestimmt auch im Bereich der konkaven (spitzen und stumpfen) Winkel der Kosinus seinen Winkel eindeutig. Dagegen gehören zu jedem Sinus zwei Winkel: der der Tafel zu entnehmende spitze und dessen stumpfes Supplement, mit Ausnahme des Falles $\sin\varphi = 1$, wo $\varphi = 90^0$, also seinem Supplement gleich wird.

Anmerkung 1. Geometrisch: $\cos\varphi$ bestimmt P_0, $\sin\varphi$ bestimmt Q_0; das Lot in P_0 schneidet die Kreisskala EFE' einmal, dasjenige in Q_0 zweimal, wenn nicht gerade Q_0 mit F zusammenfällt.

Anmerkung 2. Ersetzt man in (IV) φ durch $90^0 - \varphi$ und wendet auf die rechten Seiten den Komplementensatz an, so erhält man (V); ebenso, oder durch die Erwägung, daß $90^0 + \varphi$ zu $90^0 - \varphi$ supplementär ist, also $\sin(90^0 + \varphi) = \sin(90^0 - \varphi)$ usw., folgt (IV) aus (V). Der Leser leite zur Übung auch aus (IV) und (V) den Komplementensatz und die Beziehung

$$\text{(VI)} \quad \sin(270^0 - \varphi) = -\cos\varphi, \quad \cos(270^0 - \varphi) = -\sin\varphi$$

ab; letztere folgt geometrisch durch Faltung des zweiten Quadranten längs seiner Halbierenden OH und gilt zunächst nur für stumpfes φ.

Anmerkung 3. Das Zurückgehen von einem stumpfen Winkel φ' auf den um 90^0 kleineren ist rechnerisch bequemer, als dasjenige auf das Supplement $180^0 - \varphi'$, wie folgendes Beispiel zeigt:

$$125^0\,43'\,27'' = 90^0 + 35^0\,43'\,27'' = 180^0 - 54^0\,16'\,33'',$$

also

$$\log\sin 125^0\,43'\,27'' = \begin{Bmatrix} \log\cos 35^0\,43'\,27'' \\ \log\sin 54^0\,16'\,33'' \end{Bmatrix} = 9.90947 - 10.$$

Trotzdem werden wir in den Beispielen des nächsten Kapitels stets mittels des Supplementensatzes auf spitze Winkel zurückgehen, weil wir dabei der theoretischen Begründung der Dreiecksauflösung unmittelbar folgen, und weil das Supplement $180^0 - \alpha$ eines Dreieckswinkels als Summe $\beta + \gamma$ der beiden andern mindestens geometrisch, oft aber auch rechnerisch von Bedeutung ist. Auch die größere gedankliche Einfachheit des Supplementensatzes und der bessere Schutz vor Verwechslungen empfiehlt dem Anfänger zunächst seine Bevorzugung!

Anmerkung 4. Die Kosinus stumpfer Winkel haben als negative Zahlen keine Logarithmen, wenigstens nicht im Bereich der positiven und negativen Zahlen. Das Beispiel Anmerkung 3 erfordert daher folgende Ausdrucksweise:

$$\log(-\cos 125^\circ 43' 27'') = \begin{Bmatrix} \log\sin 35^\circ 43' 27'' \\ \log\cos 54^\circ 16' 33'' \end{Bmatrix} = 9.76633 - 10.$$

Bequemer, aber logisch nicht gerade einwandfrei schreibt man auch

$$\log\cos 125^\circ 43' 27'' = 9.76633_n - 10,$$

wobei das angehängte n bedeuten soll, daß die rechtsstehende Zahl nur der Logarithmus des Absolutbetrages eines negativen Numerus ist.

§ 11. Beliebige Phasen.

Für das Verständnis des dritten Kapitels sind §§ 11 bis 13 entbehrlich.

a) Die Skala auf dem Einheitskreis.

Gehen wir nunmehr zum vollen Einheitskreise über, so können wir den neu hinzukommenden Halbkreis $E'F'E$ im bisherigen „positiven" Umlaufssinn (in den Figuren „linksherum", gegen den Uhrzeiger) mit 180° bis 360°, ebensogut aber auch im entgegengesetzten, „negativen" Sinne von E nach E' hin mit 0° bis —180° beziffern. In der Praxis findet jede der beiden Bezifferungen Anwendung (s. Anm. 1.); theoretisch zweckmäßiger ist es, nicht nur beide zugleich ausgeführt, sondern auch über die Punkte E, E' und die Zahlen 360°, —180° hinaus unendlich oft um den Einheitskreis herumgeführt zu denken. Dadurch werden zwar jedem Punkte R unendlich viele Phasen zugeordnet, aber irgend zwei dieser „kongruenten" (zusammenfallenden) Phasen unterscheiden sich nur um Vielfache der Vollphase 360°, so daß man mühelos eine besonders bequeme, z. B. die zwischen 0° und 360° gelegene, aus ihnen herausgreifen kann.

Lassen wir den Radius OR von der zur Phase φ gehörigen Lage aus eine Drehung im positiven bzw. negativen Sinne um den Winkel α ausführen, so geht er in die zur Phase $\varphi + \alpha$ bzw. $\varphi - \alpha$ gehörige Lage über.

Anmerkung 1. Gerade diese letzte Behauptung ist nur bei unbegrenzter Ausdehnung der Phasenskala richtig; bei einfacher Bezifferung, z. B. von 0^0 bis 360^0, und bei einer Drehung um beispielsweise 150^0 gehen nur die Phasen φ von 0^0 bis 210^0 in $\varphi + 150^0$, diejenigen dagegen von 210^0 bis 360^0 in $\varphi - 210^0$ über. Bei den Skalen unserer Uhren, die allerdings anders beziffert sind, sind wir ja auch gewohnt, daß auf die sechzigste wieder die erste Minute, auf die zwölfte wieder die erste Stunde folgt. Die Bahnhofsuhren einiger Länder, z. B. Italien, zählen übrigens die Stunden über 12 Uhr mittags hinaus mit 13 bis 24 statt 1 bis 12, so daß erst nach der 24sten die erste Stunde kommt. Dadurch bieten sie andererseits ein Beispiel einer wenigstens zweimal herumgeführten Skala. — Die geographischen Längen werden positiv und negativ (d. h. westlich und östlich) bis 180^0 gezählt. Dem Zusammentreffen von $+180^0$ und -180^0 am gleichen Meridian entspricht eine sprunghafte Änderung des Datums an der „Datumgrenze".

b) Sinus und Kosinus.

Verlängern wir noch die Ordinatenskala mit negativer Bezifferung rückwärts, so bestimmt jeder Punkt R der ganzen Ebene eine Abszisse x und eine Ordinate y, einen Radius r und nunmehr unendlich viele kongruente Phasen $\varphi + k \cdot 360^0$ (k eine ganze Zahl, positiv, negativ oder null). Wie bisher zeigen wir, daß $x : r$ und $y : r$ Funktionen von φ allein sind und nennen diese wieder $\cos\varphi$ und $\sin\varphi$. Sie sind verbunden durch die Pythagoreische Gleichung $\cos^2\varphi + \sin^2\varphi = 1$, denn sie sind bis aufs Vorzeichen, das beim Quadrieren wegfällt, die Seitenlängen des Rechtecks $OP_0Q_0R_0$, dessen Diagonale die Länge 1 hat; und in den vier Lagen E, F, E', F', in denen dieses Rechteck auf eine

Strecke zusammenschrumpft, folgt die Behauptung direkt aus (I), (III) und

(VII) $\cos 270^0 = 0, \quad \sin 270^0 = -1.$

Denken wir uns die Phase von 0^0 bis 360^0 wachsend, so durchläuft R_0 den Einheitskreis genau einmal; die zugehörigen Bewegungen von P_0, Q_0 auf den Skalen ergeben folgendes Bild von dem Verlauf der Funktionen $\cos\varphi$, $\sin\varphi$: beide pendeln zwischen den „Extremwerten“ $+1$ und -1 hin und her, und zwar nimmt der Kosinus v. $\cos 0^0 = 1$ im ersten Quadranten bis auf $\cos 90^0 = 0$, im zweiten weiter bis auf $\cos 180^0 = -1$ ab, um im dritten wieder auf $\cos 270^0 = 0$, im vierten weiter auf $\cos 360^0 = 1$ zuzunehmen. Der Sinus wächst von $\sin 0^0 = 0$ im ersten Quadranten bis auf $\sin 90^0 = 1$, sinkt im zweiten wieder auf $\sin 180^0 = 0$, im dritten weiter auf $\sin 270^0 = -1$, um im vierten wieder auf $\sin 360^0 = 0$ anzusteigen. Von 360^0 an beginnt das Spiel wieder von vorne.

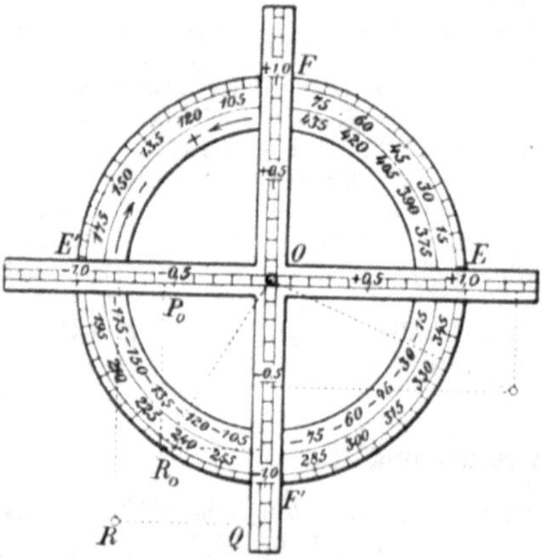

Fig. 12.

A n m e r k u n g 2. Wir lenken die Aufmerksamkeit des Lesers noch auf einige Einzelheiten, warnen aber dringend vor dem Versuch, durch m e c h a n i s c h e Einprägung von solchen die anschauliche Erfassung des geometrischen Bildes ersetzen zu wollen.

Die Vorzeichen von x, y, insbesondere von $\cos\varphi$, $\sin\varphi$, sind in den vier Quadranten EOF, FOE', $E'OF'$, $F'OE$ der Reihe nach: $+,+$; $-+,$; $-,-$; $+,-$, Mit wachsendem φ nimmt $\sin\varphi$ zu oder ab (bzw. $\cos\varphi$ ab oder zu) je nachdem $\cos\varphi$ (bzw. $\sin\varphi$) positiv oder negativ ist. Ist eine der beiden Funktionen null, wechselt sie also das Vorzeichen, so ist die andere im Extrem ± 1 und wechselt zwischen Zu- und Abnahme.

§ 12. Die Drehungs- und Umklappungssätze.

Wir verallgemeinern die Überlegungen in § 9d, § 10b, c, indem wir an Stelle zweier Oktanten oder Quadran-

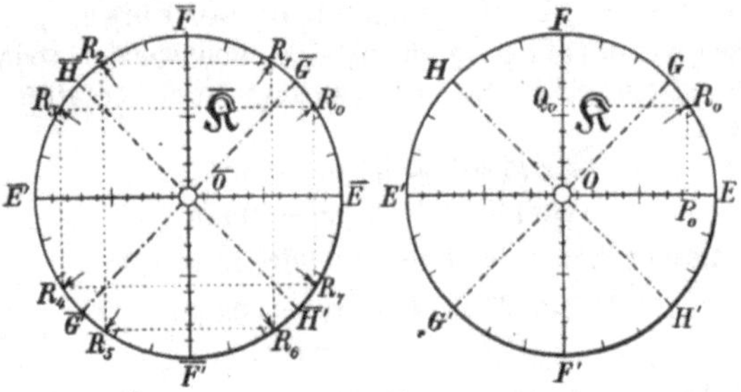

Fig. 13.

ten zwei vollständige Einheitskreise $\mathfrak{K}$ und $\overline{\mathfrak{K}}$ derart aufeinanderlegen, daß sich die Durchmesserskalen EE', FF' und $\overline{E}\overline{E}'$, $\overline{F}\overline{F}'$ irgendwie decken. Dabei decken sich auch Projektionen und Koordinaten irgend zweier sich deckender Punkte R, $\overline{R}$, und zwar x mit $\bar{x}$, y mit $\bar{y}$, wenn E auf $\overline{E}$ oder $\overline{E}'$, dagegen x mit $\bar{y}$, y mit $\bar{x}$, wenn E auf $\overline{F}$ oder $\overline{F}'$ fällt. An den Zahlen $+1$ in $E, F, \overline{E}, \overline{F}$ und -1 in $E', F', \overline{E}', \overline{F}'$ sieht man sogleich, ob die Deckung zweier Skalen gleich- oder gegenzahlig ist, d. h. ob die zusammenfallenden Koordinaten gleiche oder entgegengesetzte Werte haben; insbesondere ergibt sich: $\cos\varphi$ bzw. $\sin\varphi$

gleich: $\cos\overline{\varphi}$, $-\cos\overline{\varphi}$, $\sin\overline{\varphi}$, $-\sin\overline{\varphi}$

je nachdem E bzw. F

auf: $\overline{E}$, $\overline{E}$, $\overline{F}$, $\overline{F}$ fällt.

a) Die Drehungssätze.

Legen wir zunächst E auf E, F auf F, so erhalten wir die „Hauptlage“ und $\varphi = \varphi_0 = \varphi$. Nach einer Vierteldrehung von $\mathfrak{K}$ gegen diese decken sich E und F, F und E', φ und $\overline{\varphi} = \varphi_2 = 90^0 + \varphi$. Damit erhalten wir den **Vierteldrehungssatz** § 10, (IV), nunmehr für beliebiges φ. Ersetzen wir in (IV) φ durch $90^0 + \varphi$ und wenden sodann (IV) auf die rechten Seiten an, so folgt der **Halbdrehungssatz:**

(VIII)
$$\sin(180^0 + \varphi) = -\sin\varphi,$$
$$\cos(180^0 + \varphi) = -\cos\varphi,$$

aus diesem ebenso der **Dreivierteldrehungssatz:**

(IX)
$$\sin(270^0 + \varphi) = -\cos\varphi,$$
$$\cos(270^0 + \varphi) = \sin\varphi$$

und daraus der aus § 11 b uns inhaltlich bereits bekannte **Volldrehungssatz:**

(X)
$$\sin(360^0 + \varphi) = \sin\varphi,$$
$$\cos(360^0 + \varphi) = \cos\varphi.$$

Die Sätze (VIII), (IX), (X) erhält man geometrisch ebenso einfach aus den in ihren Benennungen angegebenen Drehungen gegen die Hauptlage.

b) Die Umklappungssätze.

Klappen wir $\mathfrak{K}$ von der Hauptlage aus um den Durchmesser EE' herum und legen E auf E, F auf F', so fällt

φ auf $\varphi_7 = -\varphi$; die Phasenskala ist also **umgekehrt** worden, weshalb wir den sich ergebenden Satz

$$\text{(XI)} \qquad \sin(-\varphi) = -\sin\varphi, \quad \cos(-\varphi) = \cos\varphi$$

den **Umkehrungssatz** nennen wollen. Ersetzen wir jetzt in (IV), (VIII) und (IX) φ durch $-\varphi$, so erhalten wir — nunmehr für beliebiges φ bewiesen — den **Komplementen-**, den **Supplementensatz** und Satz (VI). Geometrisch folgen sie durch Umklappung von $\mathfrak{K}$ um OG, OF und OH.

c) Verwandte Phasen.

Wenn φ_1 aus φ durch Vierteldrehungen und Umkehrungen hervorgeht, wenn also $\varphi_1 = k \cdot 90^0 \pm \varphi$ und darin k eine ganze Zahl (positiv, negativ oder null) ist, so wollen wir kurz φ und φ_1 „verwandte" Phasen nennen. Zu den mit φ verwandten Phasen gehören auch die zu φ kongruenten, ferner Supplement, Komplement usw. Jede mit φ verwandte Phase ist kongruent mit einer der acht in den Drehungs- und Umklappungssätzen auftretenden Phasen

$$\pm\varphi, \quad 90^0 \pm \varphi, \quad 180^0 \pm \varphi, \quad 270^0 \pm \varphi,$$

und auf Grund dieser Sätze haben Sinus und Kosinus für jede mit φ verwandte Phase bis auf Vorzeichen und Reihenfolge dieselben Werte wie für φ. Je zwei mit φ verwandte Phasen sind auch miteinander verwandt.

Zu jeder Phase φ gibt es eine Verwandte im ersten Oktanten. Denn wenn φ nicht schon selbst im ersten Quadranten liegt, so erhält man durch Vierteldrehungen vor- oder rückwärts eine Phase $\varphi_1 = \varphi \pm k \cdot 90^0$ im ersten Quadranten. Liegt diese aber nicht im ersten Oktanten, so liegt sie im zweiten und $90^0 - \varphi_1$ im ersten.

Anmerkung 1. Wenn umgekehrt die Sinus und Kosinus zweier Phasen bis auf Vorzeichen und Reihenfolge übereinstimmen, so sind die Phasen verwandt. — Insgesamt kann man $\mathfrak{K}$ und $\overline{\mathfrak{K}}$ auf acht Arten so aufeinanderlegen, daß E, E', F, F' irgendwie auf E, E', F, F' fallen. Dadurch deckt sich R mit acht Punkten R_0 bis R_7; das Achteck dieser Punkte hat die vier Umklappungsachsen EE', FF', GG', HH' zu Symmetrielinien, so daß in jedem Oktanten — insbesondere im ersten, s. o. — genau eine Ecke liegt. Jeder der acht Ecken entspricht eine der oben genannten acht Phasen. In der Figur 13 sind $\varphi_0 = \varphi$ und R_0 im ersten Oktanten angenommen.

Anmerkung 2. Wenn eine Funktion die Eigenschaft besitzt, daß zu je zweien, um einen bestimmten festen Betrag p verschiedenen Argumenten x und $x + p$ derselbe Funktionswert gehört, so nennt man die Funktion „periodisch" und p ihre „Periode". Den Volldrehungssatz kann man also dahin aussprechen: Sinus und Kosinus sind periodisch mit der Periode 360°.

Wenn eine Funktion für je zwei entgegengesetzt gleiche Argumente x und $-x$ gleiche Werte hat, so nennt man sie eine „gerade" Funktion; nimmt sie für x und $-x$ entgegengesetzte Werte an, so nennt man sie eine „ungerade" Funktion. Den Umkehrungssatz kann man also dahin aussprechen: Der Sinus ist eine ungerade, der Kosinus eine gerade Funktion. (Die Bezeichnung „gerade, ungerade" geht auf das einfache Beispiel x^m zurück: die Potenzen $x^0, x^2, x^4 \ldots$ mit geraden Exponenten sind gerade, diejenigen, $x^1, x^3, x^5 \ldots$ mit ungeraden sind ungerade Funktionen.)

§ 13. Tangente und Kotangente.

a) Definition.

Die Funktionen $\operatorname{tg}\varphi$ und $\cot\varphi$ definieren wir für beliebige Winkel mittels der im ersten Quadranten als gültig erkannten Beziehungen:

$$\operatorname{tg}\varphi = \sin\varphi : \cos\varphi\,, \quad \cot\varphi = \cos\varphi : \sin\varphi\,,$$

woraus auch $\operatorname{tg}\varphi \cdot \cot\varphi = 1$ folgt. Diese Definition versagt in zwei Fällen. Für alle zu 0° und 180° kongruenten

Phasen ist $\sin\varphi = 0$, für alle zu 90^0 oder 270^0 kongruenten ist $\cos\varphi = 0$. Da durch Null nicht dividiert werden kann, ist für die Winkel $k \cdot 180^0$ die Kotangente, für die Winkel $90^0 + k \cdot 180^0$ die Tangente undefiniert; zugleich wird auch die Beziehung $\operatorname{tg}\varphi \cdot \cot\varphi = 1$ sinnlos, weil im ersten Falle $\operatorname{tg}\varphi = 0$, im zweiten $\cot\varphi = 0$ wird und 0 keinen reziproken Wert hat. Diese beiden Lücken der Definition lassen sich nicht ausfüllen; die Ausnahmewinkel sind im folgenden stets stillschweigend auszuschließen, wo dies nicht ausdrücklich geschieht (vgl. Anm. 3).

b) Drehungs- und Umklappungssätze der Tangente.

Aus den gleichnamigen Sätzen für $\sin\varphi$, $\cos\varphi$ folgen durch seitenweise Division je zweier zusammengehöriger Gleichungen der Vierteldrehungs-, Halbdrehungs-, Umkehrungs- und Supplementensatz der Tangente:

$$\text{(XII)} \quad \operatorname{tg}(90^0 + \varphi) = -1 : \operatorname{tg}\varphi = -\cot\varphi,$$

$$\text{(XIII)} \quad \operatorname{tg}(180^0 + \varphi) = \operatorname{tg}\varphi,$$

$$\text{(XIV)} \quad \operatorname{tg}(-\varphi) = -\operatorname{tg}\varphi,$$

$$\text{(XV)} \quad \operatorname{tg}(180^0 - \varphi) = -\operatorname{tg}\varphi.$$

Hiervon folgen (XIII), (XV) sowie der Komplementensatz $\operatorname{tg}(90^0 - \varphi) = \cot\varphi$ unmittelbar aus (XII) und (XIV).

Anmerkung 1. Genau ebenso erhält man $\cot(90^0 + \varphi) = -1 : \cot\varphi = -\operatorname{tg}\varphi$, $\cot(180^0 + \varphi) = \cot\varphi$, $\cot(-\varphi) = -\cot\varphi$ usw. Tangente und Kotangente sind ungerade Funktionen mit der Periode 180^0. — Für die Zurückführung des zweiten Quadranten auf den ersten ist (XII) rechnerisch wiederum bequemer als (XV).

c) Geometrische Darstellung.

Aus den Gleichungen § 9 (II), die ja für beliebige Phasen gelten, folgt $\operatorname{tg}\varphi = y : x$; die Tangente ist also das Verhältnis der Ordinate zur Abszisse, und zwar nicht nur längs der zu φ gehörigen Halbgeraden OR_0, sondern längs der vollen Geraden OR_0, was sowohl geometrisch wie aus (XIII) sofort einleuchtet. Legen wir daher durch E als Nullpunkt eine mit $F'OF$ parallele Skala, so lesen wir in ihrem Schnitt T mit der Geraden OR_0 die Zahl $t = \operatorname{tg}\varphi$ ab, weil T die Ordinate t und die Abszisse 1 hat. Daß tg 90° undefiniert ist, zeigt sich darin, daß die Gerade OF zur Tangentenskala parallel ist; fällt daher R_0 nach F oder F', so existiert kein Schnittpunkt T, und die Ablesung wird unmöglich.

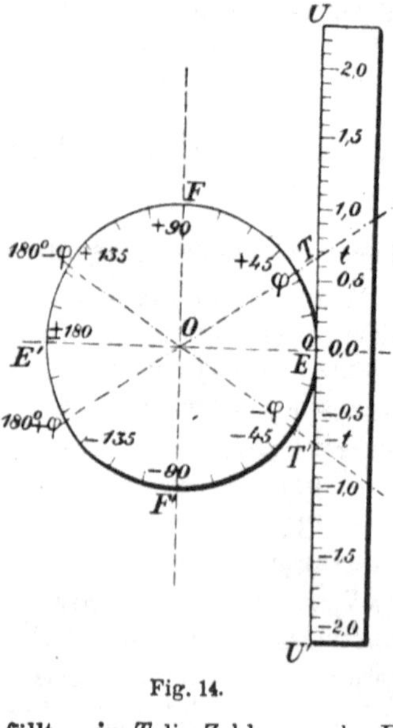

Fig. 14.

Anmerkung 2. Man beweise (XIII), (XIV), (XV), und, nach Anlegung einer zu OE parallelen Kotangentenskala durch F, auch (XII) aus der Figur. — Legt man die Radienskala (§ 9 b) an OR_0 an, so liest man auf ihr — oder ihrer negativen Rückverlängerung, wenn R_0 in den zweiten oder dritten Quadranten fällt — in T die Zahl sec φ ab. Die Strecke TE berührt den Einheitskreis, TO schneidet ihn; daher rühren die Namen Tangente und Sekante.

d) Verlauf der Tangente und Kotangente.

Durchläuft φ alle Phasen von $-90°$ bis $+90°$, die Grenzen ausgeschlossen, so durchläuft tg φ alle negativen und positiven Zahlen in ständigem Wachstum. Überschreitet φ den Wert 90°, so beginnt das Spiel für den Bereich 90° bis 270° von neuem; die Änderung von tgφ beim Durchgang von φ durch 90° ist also völlig „sprunghaft", indem tg φ von beliebig hohen positiven zu beliebig tiefen negativen Werten plötzlich und unvermittelt übergeht. Analog durchläuft cot φ im Bereich von 0° bis 180° alle positiven und negativen Werte in ständigem Abnehmen, um beim Überschreiten von 180° durch φ wieder auf beliebig hohe positive Werte überzuspringen.

Anmerkung 3. Die Tatsache, daß tgφ jeden noch so großen Wert überschreitet, wenn φ sich dem Ausnahmewert 90° hinreichend nähert, drückt man mit den Worten aus: „Für $\varphi = 90°$ wird tgφ unendlich." Diese Aussage über den Verlauf der Funktion bei Annäherung an die kritische Stelle schreibt man mittels des Zeichens ∞ (gesprochen: unendlich) in Form einer Gleichung für den Ausnahmewert: tg 90° $= \infty$. Eine rechnerische Verwendung des Zeichens ∞ ist nur in beschränktem Umfange und mit besonderer Vorsicht möglich, deren Vernachlässigung Unklarheiten, Sinnlosigkeiten und zweckloses Kopfzerbrechen zur Folge hat. Wir sehen deshalb in diesem elementar gehaltenen Buche von der Verwendung des Zeichens ∞ völlig ab. Wer in die Lage kommt, in einer tgφ enthaltenden Gleichung $\varphi = 90°$ zu setzen, der gehe auf die Ableitung der Gleichung zurück. Ist sie geometrisch aus einer Figur erfolgt, so ist diese Figur für ein von 90° verschiedenes φ entworfen gewesen und muß daher für den Ausnahmefall $\varphi = 90°$ gesondert betrachtet werden. Ist die Ableitung rechnerisch erfolgt, so ist tgφ durch Division mit cos φ entstanden; diese Division mache man, da sie für $\varphi = 90°$ unzulässig ist, rückgängig und betrachte, was nunmehr für $\varphi = 90°$ sich ergibt.

Anmerkung 4. Genau dasselbe Verhalten wie tgφ für $\varphi = 90°$ zeigt auch die algebraische Funktion $1 : x$ für $x = 0$. Die Unstetigkeit ist also nichts für die Transzendenz der Funktion tgφ charakteristisches.

e) Bestimmung der Phase durch ihre Funktionen.

Genauer als bis auf Vielfache von 360° kann eine Phase φ durch die Werte sinφ, cosφ, tgφ niemals bestimmt sein, da diese Werte für alle zu φ kongruenten Phasen dieselben sind. Wenn wir daher von „ein- oder zweideutig" bestimmten Phasen sprechen, ist stets hinzuzufügen: „bis auf Vielfache von 360^0." Ferner sehen wir von den Winkeln 0^0, 90^0, 180^0, 270^0 ab, die zu einfachen, vom Leser leicht selbständig zu formulierenden Ausnahmen Anlaß geben können.

Durch jeden der Werte sin φ, cos φ, tg φ ist φ zweideutig bestimmt, weil $180^0 - \varphi$ denselben Sinus, $-\varphi$ denselben Kosinus, $180^0 + \varphi$ dieselbe Tangente wie φ besitzt. Von den vier Phasen $\pm\varphi$, $180^0 \pm \varphi$ liegt in jedem Quadranten eine; die Bestimmung wird daher eindeutig, sowie der Quadrant vorgeschrieben ist (z. B. durch die Vorzeichen von $\sin\varphi$ und $\cos\varphi$). Die Gleichungen $\cos^2\varphi + \sin^2\varphi = 1$, $\operatorname{tg}\varphi = \sin\varphi : \cos\varphi$ gestatten nach § 8, aus jedem der drei Werte $\sin\varphi$, $\cos\varphi$, $\operatorname{tg}\varphi$ die beiden anderen zu berechnen, aber der auftretenden Quadratwurzeln wegen nur bis aufs Vorzeichen; dieses wird erst durch den Quadranten bestimmt, war daher in § 8, für den ersten Quadranten, positiv angenommen.

Geometrisch bestimmen sin φ, cos φ, tg φ je eine Gerade, Q_0R_0, P_0R_0, OR_0, als Ort für R_0, und jede dieser Geraden schneidet den Einheitskreis im allgemeinen zweimal.

Anmerkung 5. Aus den kartesischen Koordinaten x, y eines beliebigen Punktes R erhält man seine Polarkoordinaten r, φ vermittels der Gleichungen $r^2 = x^2 + y^2$, $\operatorname{tg}\varphi = y : x$. Jede ergibt zwei Lösungen[1]), von denen je eine dadurch ausgeschlossen wird, daß r positiv, und durch die Vorzeichen von x, y der Quadrant für φ bekannt ist.

Die beiden ausgeschlossenen Werte $r' = -r$, $\varphi' = 180^0 + \varphi$ genügen übrigens nicht nur den Ausgangsgleichungen $x =$

---

[1]) Abgesehen von dem Trivialfall $x = y = 0$, wo R mit O identisch, $r = 0$ und φ unbestimmt ist.

$r'\cos\varphi'$, $y = r'\sin\varphi'$, sondern lassen sich auch geometrisch deuten, wenn man die Radienskala negativ rückwärts verlängert. Dreht man sie dann aus der Lage OR um 180^0, so fällt R in den Punkt $-r$ der Rückverlängerung, und der positive Halbstrahl der Skala erhält die Phase $\varphi + 180^0$. Diese Verallgemeinerung hat den Nachteil, daß R seine Polarkoordinaten nicht mehr eindeutig bestimmt; sie ist aber von Vorteil, wenn man eine Vollgerade durch O zu betrachten hat.

Zu dem Punkt $x = 1$, $y = -1$ gehören $r = \sqrt{2} = 1{,}414\ldots$ und $\varphi = -45^0$ (oder $+315^0$) als Polarkoordinaten; in der allgemeineren Auffassung auch noch $r' = -1{,}414$ und $\varphi' = 135^0$.

Anmerkung 6. Für logarithmisches Rechnen ist es am bequemsten, zunächst φ aus $\operatorname{tg}\varphi = y : x$ und dann r aus einer der Gleichungen $r = x : \cos\varphi = y : \sin\varphi$ zu bestimmen.

Drittes Kapitel.

Das schiefwinklige Dreieck.

§ 14. Die Sinus der Dreieckswinkel.

a) Die Höhenformel: $h_c = b\sin\alpha$.

Ebenso: $h_c = a\sin\beta$, $h_b = a\sin\gamma = c\sin\alpha$, $h_a = c\sin\beta = b\sin\gamma$.

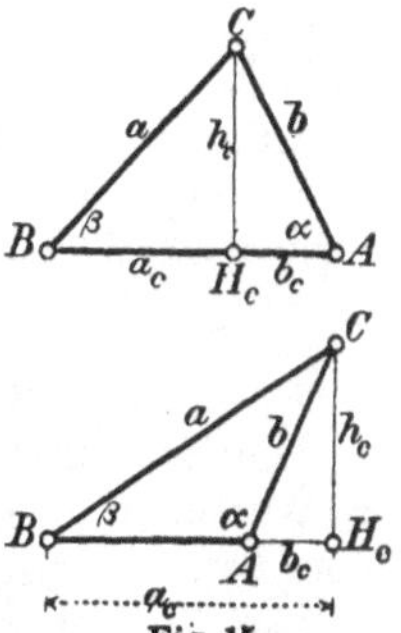

Fig. 15.

Beweis: Ist α von 90^0 verschieden, so bilden die Punkte A, C und H_c ein bei H_c rechtwinkliges Dreieck mit den Katheten h_c, b_c und der Hypotenuse b; es wird $\sin CAH_c = h_c : b$. Der Winkel CAH_c ist aber gleich α, wenn α spitz, gleich $180^0 - \alpha$, wenn α stumpf ist; sein Sinus ist also in beiden Fällen gleich $\sin\alpha$, im zweiten nach dem Supplementensatz (§ 10, V), womit die Behauptung erwiesen ist.

Ist $\alpha = 90^0$, so ist einerseits $\sin\alpha = 1$, andererseits $b = h_c$, weil H_c nach A fällt; die Formel ist also ebenfalls richtig.

b) Die Inhaltsformel: $2F = bc\sin\alpha$.

Ebenso: $2F = ca\sin\beta = ab\sin\gamma$.

Beweis: Man multipliziere beide Seiten der Höhenformel mit c und beachte Formel (V) der Einleitung, $ch_c = 2F$.

c) Der Sehnensatz: $a = 2r\sin\alpha$.

Ebenso: $b = 2r\sin\beta$, $c = 2r\sin\gamma$.

Beweis: Man multipliziere die Inhaltsformel mit a und beachte Formel (VI) der Einleitung, $abc = 4rF$.

Noch kürzer ist der bereits in § 7,c gegebene Beweis; denn a, b, c sind ja die zu den Peripheriewinkeln α, β, γ des Umkreises gehörigen Sehnen.

d) Der Sinussatz: Die Seiten verhalten sich wie die Sinus ihrer Gegenwinkel, $a : b : c = \sin\alpha : \sin\beta : \sin\gamma$, oder: $a : \sin\alpha = b : \sin\beta = c : \sin\gamma$.

Beweis: Nach a) ist $b\sin\alpha = a\sin\beta$ (nämlich gleich h_c), woraus durch Division mit $\sin\alpha\sin\beta$ sich $b : \sin\beta = a : \sin\alpha$ ergibt. Nach b) ist $cb\sin\alpha = ca\sin\beta$ (nämlich gleich $2F$), woraus die Behauptung durch Division mit $c\sin\alpha\sin\beta$ folgt. Am unmittelbarsten aber folgt der Sinussatz aus c), weil die drei Quotienten $a : \sin\alpha$ usw. den gemeinsamen Wert $2r$ haben.

§ 15. Anwendungen.

Der Sinussatz gestattet die Berechnung des Dreiecks:

a) Aus einer Seite, etwa a, und zwei Winkeln. Denn nach dem Satz von der Winkelsumme ergibt sich der dritte Winkel, und es wird $b = a\sin\beta : \sin\alpha$, $c = a\sin\gamma : \sin\alpha$.

Rechnungsplan: $\log 2r = \log a - \log\sin\alpha$[1]),
$\log b = \log 2r + \log\sin\beta, \quad \log c = \log 2r + \log\sin\gamma$.

b) Aus zwei Seiten, etwa a, b, und einem ihrer Gegenwinkel, etwa α. Denn man findet β aus $\sin\beta = b\sin\alpha : a$, sodann γ und c wie vorher.

Rechnungsplan: $\log 2r = \log a - \log\sin\alpha$[1]),
$\log\sin\beta = \log b - \log 2r, \quad \log c = \log 2r + \log\sin\gamma$.

c) Die Höhenformel, die Inhaltsformel oder der Sehnensatz, die ja nur verschiedene Ausdrucksweisen desselben Zusammenhanges sind, gestatten die Berechnung der Winkel aus den drei Seiten; denn aus diesen kann man F, r, h_a usw. nach § 3 finden.

Rechnungsplan: $\log F = \frac{1}{2}(\log s + \log s_a + \log s_b + \log s_c)$,
$\log 2r = \log a + \log b + \log c - \log 2 - \log F$,[1])
$\log\sin\alpha = \log a - \log 2r, \quad \log\sin\beta = \log b - \log 2r$,
$\log\sin\gamma = \log c - \log 2r$.

In allen drei Fällen ist durchgehende logarithmische Rechnung möglich; in den beiden ersten Fällen ist das angegebene Verfahren zugleich das gedanklich wie rechnerisch einfachste überhaupt; für den Fall c) werden wir eine einfachere Methode in § 18 kennen lernen.

Bei der Ermittelung eines Winkels aus seinem Sinus ist stets zu beachten, daß außer dem spitzen, durch die Tafel gegebenen Wert auch dessen Supplement den vorgeschriebenen Sinus besitzt (§ 10c). Daher erhält man im Falle b) zwei Werte für β, von denen der spitze stets, der stumpfe nur im Falle $a < b$ brauchbar ist; denn ein stumpfer Winkel kann nur der

---

[1]) $\log 2r$ dient hier lediglich als Hilfsgröße; $2r$ selbst braucht nicht aufgeschlagen zu werden.

größten Seite gegenüberliegen. Im Falle c) sind aus demselben Grunde von den Gegenwinkeln der kleineren Seiten nur die spitzen Tafelwerte brauchbar; ob für den dritten der Tafelwert oder sein Supplement zu nehmen ist, entscheidet die Probe mit der Winkelsumme.

Erstes Beispiel (zu **a**).

$$a = 13\,, \quad \alpha = 53^\circ 7' 48''\,, \quad \beta = 14^\circ 15' 0''.$$

$$\alpha + \beta = 67^\circ 22' 48'' = \gamma'\,, \quad \gamma = 180^\circ - \gamma' = 112^\circ 37' 12''.$$

γ ist stumpf; statt $\log\sin\gamma$ wird also $\log\sin\gamma'$ aufgeschlagen.

$$\begin{aligned} \log a &= 1.11394 \\ -\log\sin\alpha &= -9.90309 + 10 \\ \hline \log 2r &= 0.21085 \\ \log\sin\beta &= 9.39121 - 10 \\ \log\sin\gamma = \log\sin\gamma' &= 9.96524 - 10 \\ \hline \log b &= 0.60206\,, \quad b = 4{,}0000 \\ \log c &= 1.17609\,, \quad c = 15{,}000. \end{aligned}$$

Zweites Beispiel (zu **b**).

$$a = 13{,}509\,, \quad b = 17{,}632\,, \quad \alpha = 38^\circ 21' 47''.$$

(1)

$$\begin{aligned} \log a &= 1.13063 \\ -\log\sin\alpha &= -9.79285 + 10 \\ \hline \log 2r &= 1.33778 \\ \log b &= 1.24630 \\ \hline \log\sin\beta &= 9.90852 - 10. \end{aligned}$$

Weil $a < b$ und α spitz, ist außer dem spitzen Tafelwert β_1 auch sein Supplement β_2 brauchbar:

(2)

$$\begin{aligned} \beta_1 &= 54^\circ\ 6' 7'' & \beta_2 &= 125^\circ 53' 53'' \\ \gamma_1 &= 87^\circ 32' 6'' & \gamma_2 &= 15^\circ 44' 20'' \end{aligned}$$

$$\begin{aligned} \log\sin\gamma_1 &= 9.99960 - 10 \\ \log\sin\gamma_2 &= 9.43338 - 10 \\ \log 2r &= 1.33778 \\ \hline \log c_1 &= 1.33738\,, \quad c_1 = 21{,}746 \\ \log c_2 &= 0.77116\,, \quad c_2 = 5{,}9041. \end{aligned}$$

Drittes Beispiel (zu b).

$a = 13, \ b = 4, \ \alpha = 53^\circ 7' 48''$.

Weil $a > b$, ist nur der spitze Wert für β brauchbar. Zahlenwerte wie im ersten Beispiel.

Viertes Beispiel (zu b).

$a = 13{,}509, \ c = 21{,}746, \ \alpha = 38^\circ 21' 47''$.

Man findet $\log \sin \gamma = 9.99960 - 10$. $\gamma_1 = 87^\circ 32'$ bis $33'$, $\gamma_2 = 92^\circ 27'$ bis $28'$. Diese Unsicherheit überträgt sich auf β und b ($b_1 = 17{,}63$; $b_2 = 16{,}47$) und liegt in den Daten der Aufgabe begründet. Man zeichne, um dies einzusehen, das Dreieck, etwa mit den abgerundeten Werten $a = 13{,}5$, $c = 21{,}7$, $\alpha = 38{,}5^\circ$ und mit 5 mm als Längeneinheit.

Wie gestaltet sich die graphische und die rechnerische Lösung, falls $a = 20$, $b = 9$, $\beta = 31^\circ$ gegeben sind?

Fünftes Beispiel (zu c).

Zur Umgehung eines Teils der logarithmischen Rechnung sind hier und im folgenden Beispiel runde Zahlen gewählt.

$a = 13, \ b = 14, \ c = 15$.

(1) $F = 84, h_b = 12, h_c = 11{,}2$ (vgl. § 3, Fußnote Seite 14).

(2) $\sin \alpha = h_b : c = 0{,}8; \sin \beta = h_c : a = 56 : 65; \sin \gamma = h_b : a = 12 : 13$

$$\begin{aligned} \log \sin \alpha &= 9.90309 - 10, & \alpha &= 53^\circ \ 7' \ 48'' \\ \log \sin \beta &= 9.93528 - 10, & \beta &= 59^\circ \ 29' \ 26'' \\ \log \sin \gamma &= 9.96524 - 10, & \gamma &= 67^\circ \ 22' \ 48'' \\ \hline & \text{Probe:} & \alpha + \beta + \gamma &= 180^\circ \ 0' \ 2'' \end{aligned}$$

Sechstes Beispiel (zu c).

$a = 13, \ b = 4, \ c = 15$.

(1) $s = 16, s_a = 3, s_b = 12, s_c = 1, F^2 = 16 \cdot 36, F = 24$.

(2) $2r = 65 : 4 = 16{,}25, \sin \alpha = 0{,}8; \sin \beta = 16 : 65, \sin \gamma = 12 : 13$.

$$\begin{aligned} \log \sin \alpha &= 9.90309 - 10, & \alpha &= 53^\circ \ 7' \ 48'' \\ \log \sin \beta &= 9.39121 - 10, & \beta &= 14^\circ \ 15' \ 0'' \\ \hline \log \sin \gamma &= 9.96524 - 10, \quad \text{Tafelwert:} & \alpha + \beta &= 67^\circ \ 22' \ 48'' \\ & \text{also} & \gamma &= 112^\circ \ 37' \ 12''. \end{aligned}$$

§ 16. Die Kosinus der Dreieckswinkel.

a) Die Projektionsformel: $\boldsymbol{b_c = b \cos\alpha}$ für spitzes α, $\boldsymbol{b_c = -b\cos\alpha}$ für stumpfes α. Ebenso: $a_c = \pm a\cos\beta$, $b_a = \pm b\cos\gamma$, $c_a = \pm c\cos\beta$, $a_b = \pm a\cos\gamma$, $c_b = \pm c\cos\alpha$.

Beweis: Aus dem rechtwinkligen Dreieck ACH_c folgt, wie in § 14a, $b_c = b\cos CAH_c$; der Winkel CAH_c ist gleich α, wenn α spitz ist, dagegen gleich $180^0 - \alpha$, also $\cos CAH_c = -\cos\alpha$ nach dem Supplementensatz, wenn α stumpf ist. Für $\alpha = 90^0$ wird sowohl $b_c = 0$ wie $\cos\alpha = 0$, die Projektionsformel ist in diesem Falle mit beiden Vorzeichen richtig.

b) Die Kosinusformel: $\boldsymbol{a\cos\beta + b\cos\alpha = c}$,

ebenso: $c\cos\alpha + a\cos\gamma = b$, $b\cos\gamma + c\cos\beta = a$.

Beweis: Sind α und β spitz, so ist $c = a_c + b_c$, darin $a_c = a\cos\beta$, $b_c = b\cos\alpha$; ist einer der Winkel stumpf, z. B. α, also β spitz, so ist $c = a_c - b_c$, darin $a_c = a\cos\beta$, $b_c = -b\cos\alpha$.

c) Der Kosinussatz: $\boldsymbol{a^2 = b^2 + c^2 - 2bc\cos\alpha}$.

Ebenso: $b^2 = c^2 + a^2 - 2ca\cos\beta$,
$c^2 = a^2 + b^2 - 2ab\cos\gamma$,

oder, nach den Kosinus aufgelöst:

$$\text{(I)} \qquad \begin{cases} \cos\alpha = (-a^2 + b^2 + c^2) : 2bc, \\ \cos\beta = (+a^2 - b^2 + c^2) : 2ca, \\ \cos\gamma = (+a^2 + b^2 - c^2) : 2ab. \end{cases}$$

Erster Beweis: Die Kosinusformeln sind drei Gleichungen ersten Grades für die drei Kosinus und können nach diesen aufgelöst werden. Man multipliziere z. B. die Formeln in der angeschriebenen Reihenfolge mit c, b und a, addiere die beiden ersten und ziehe die letzte davon ab; es bleibt:

$2bc\cos\alpha = c^2 + b^2 - a^2$, und dies ist, bis auf die Anordnung der Glieder, der Kosinussatz.

Addiert man umgekehrt die beiden ersten Gleichungen des Kosinussatzes, so heben sich a^2 und b^2 beiderseits fort und es bleibt: $2c^2 - 2bc\cos\alpha - 2ca\cos\beta = 0$, woraus nach Division durch $2c$ die erste Kosinusformel hervorgeht.

Zweiter Beweis: In dem „allgemeinen Pythagoreischen Satz"

$$a^2 = b^2 + c^2 \mp 2cb_e \quad (\S\ 3,\ \text{III}),$$

gilt bei spitzem α das Minuszeichen des letzten Gliedes, und es ist nach der Projektionsformel $b_e = b\cos\alpha$; bei stumpfem α gilt das Pluszeichen, und es ist $b_e = -b\cos\alpha$. Damit ist die Behauptung erwiesen.

§ 17. Anwendungen.

Der Kosinussatz gestattet die Berechnung des Dreiecks:

a) Aus zwei Seiten und dem eingeschlossenen Winkel, z. B. b, c, α. Man erhält $a = \sqrt{b^2 + c^2 - 2bc\cos\alpha}$, sodann β, γ nach § 15b.

b) Aus drei Seiten. Man erhält $\cos\alpha$, $\cos\beta$, $\cos\gamma$ aus § 16 (I).

Rechnungsplan: Wir setzen zur Abkürzung $u = -a^2 + b^2 + c^2$, $v = a^2 - b^2 + c^2$, $w = a^2 + b^2 - c^2$; dann ist $\log\cos\alpha = \log u - \log 2 - \log b - \log c$ usw.

c) Aus zwei Seiten und einem ihrer Gegenwinkel, z. B. a, b, α. Die in c quadratische Gleichung $a^2 = b^2 + c^2 - 2bc\cos\alpha$ ergibt $c = b\cos\alpha \pm \sqrt{b^2\cos^2\alpha + a^2 - b^2}$. Gegenüber dem Verfahren des § 15b kommt diese umständliche Lösungsmethode nicht ernsthaft in Betracht.

Zwar ergibt der Kosinussatz auch in den Fällen **a)** und **b)** keine für durchgehende logarithmische Rechnung geeignete Lösungsmethode und wird daher in § 18 und § 19 durch rechnerisch bessere Verfahren ersetzt werden. Seine gedankliche Einfachheit und grundlegende Bedeutung macht aber dennoch das Durchrechnen einiger Beispiele für **a)** und **b)** empfehlenswert.

Erstes Beispiel (zu **a**).

$a = 13, \; b = 14, \; \gamma = 67^\circ\, 22'\, 48''.$

(1) $\log 2\,a\,b\cos\gamma = \log 2 + \log a + \log b + \log\cos\gamma$
ausgerechnet $= 2.14613$; $2ab\cos\gamma = 140{,}00.$
$c^2 = 169 + 196 - 140 = 225, \quad c = 15$ [1]).

Zweites Beispiel (zu **a**).

$a = 13{,}509, \; b = 16{,}470, \; \gamma = 92^\circ\, 27'\, 55''$, stumpf:

(1) $\gamma' = 180^\circ - \gamma = 87^\circ\, 32'\, 5'', \; \cos\gamma = -\cos\gamma';$

(2)
$$\begin{aligned} \log 2 &= 0.30103\\ \log a &= 1.13063\\ \log b &= 1.21669\\ \log\cos\gamma' &= 8.63361 - 10\\ \hline \log 2ab\cos\gamma' &= 1.28196, \;\rightarrow\; 2ab\cos\gamma' = 19{,}14 \end{aligned}$$

$$\begin{aligned} a^2 &= 182{,}49\,^{2)}\\ b^2 &= 271{,}26\,^{2)}\\ \hline c^2 &= 472{,}89 \end{aligned}$$

$c = 21{,}746$ [2]) $\leftarrow c^2 = 472{,}89$

(3)
$$\begin{aligned} -\log c &= 8.66262 - 10\\ \log\sin\gamma' &= 9.99960 - 10\\ \log a &= 1.13063\\ \log b &= 1.21669\\ \hline \log\sin\alpha &= 9.79285 - 10, \quad \alpha = 38^\circ\, 21'\, 49''\\ \log\sin\beta &= 9.87891 - 10, \quad \beta = 49^\circ\, 10'\, 21''\\ \hline &\text{Probe: } \gamma' = \alpha + \beta = 87^\circ\, 32'\, 10'' \end{aligned}$$

---

[1]) Betr. der Winkel β, γ vgl. § 15, sechstes Beispiel.
[2]) Mit der Quadratzahlentafel bestimmt.

Drittes Beispiel (zu **b**).

$$a = 13, \quad b = 14, \quad c = 15,$$
$$a^2 = 169, \quad b^2 = 196, \quad c^2 = 225,$$
$$u = 252, \quad v = 198, \quad w = 140.$$

$$\cos\alpha = \frac{252}{2\cdot 14\cdot 15} = \frac{3}{5}, \ \log\cos\alpha = 9.77815 - 10, \ \alpha = 53^\circ\, 7'\, 49'$$

$$\cos\beta = \frac{198}{2\cdot 13\cdot 15} = \frac{33}{65}, \ \log\cos\beta = 9.70560 - 10, \ \beta = 59^\circ 29' 23''$$

$$\cos\gamma = \frac{140}{2\cdot 13\cdot 14} = \frac{5}{13}, \ \log\cos\gamma = 9.58503 - 10, \ \gamma = 67^\circ 22' 48''$$

Probe: $\alpha + \beta + \gamma = 180^\circ\ 0'\ 0''$

Viertes Beispiel (zu **b**).

$$a = 13{,}509, \quad b = 16{,}470, \quad c = 21{,}746.$$

$$\left.\begin{aligned} a^2 &= 182{,}49 \\ b^2 &= 271{,}26 \\ c^2 &= 472{,}89 \end{aligned}\right\} \text{ mit der Quadratzahlentafel.}$$

$u = 561{,}66$,	$\log u$	$= 2.74947$
$v = 384{,}12$,	$\log v$	$= 2.58446$
$w = -19{,}14$	$\log(-w)$	$= 1.28194$
(also γ stumpf!)	$-\log 2$	$= 9.69897 - 10$
	$-\log a$	$= 8.86937 - 10$
	$-\log b$	$= 8.78331 - 10$
	$-\log c$	$= 8.66262 - 10$

$$\alpha = 38^\circ\, 21'\, 48'' \leftarrow \log\cos\alpha = 9.89437 - 10$$
$$\beta = 49^\circ\, 10'\, 28'' \leftarrow \log\cos\beta = 9.81542 - 10$$
$$\gamma = 92^\circ\, 27'\, 55'' \leftarrow \log\cos\gamma' = 8.63359 - 10$$

$\alpha + \beta + \gamma = 180^\circ\ 0'\, 11''$ als Probe hinreichend genau.

§ 18. Die Tangenten der halben Dreieckswinkel.

a) Die Tangentenformel: $\operatorname{tg}\frac{1}{2}\alpha = \varrho : s_a$.

Ebenso: $\operatorname{tg}\frac{1}{2}\beta = \varrho : s_b$, $\operatorname{tg}\frac{1}{2}\gamma = \varrho : s_c$.

Beweis: Man fälle von O das Lot OU auf AC (vgl. Fig. 1, § 3), so ist in dem rechtwinkligen Dreieck OAU

der Winkel bei A gleich $\frac{1}{2}\alpha$, seine Gegenkathete gleich ϱ, seine Ankathete gleich s_a, woraus die Behauptung folgt.

Für ϱ erhält man aus § 3 (VII) $\varrho = F : s$ und mit (IV):

$$\text{(II)} \qquad \varrho = \sqrt{s_a s_b s_c : s}\,.$$

Anmerkung. Durch Einsetzen dieses Wertes gehen die Tangentenformeln über in:

$$\text{(III)} \quad \operatorname{tg}\tfrac{1}{2}\alpha = \sqrt{\frac{s_b s_c}{s\, s_a}}\,, \quad \operatorname{tg}\tfrac{1}{2}\beta = \sqrt{\frac{s_c s_a}{s\, s_b}}\,, \quad \operatorname{tg}\tfrac{1}{2}\gamma = \sqrt{\frac{s_a s_b}{s\, s_c}}\,.$$

Fällt man von O_a das Lot $O_a V$ auf AC, so ergibt das Dreieck $O_a A V$: $\operatorname{tg}\frac{1}{2}\alpha = \varrho_a : s$, und das Dreieck $O_a C V$: $\operatorname{tg}\frac{1}{2}\gamma = s_b : \varrho_a$. Entsprechend ist $\operatorname{tg}\frac{1}{2}\alpha = s_b : \varrho_c = s_c : \varrho_b$. Auch diese Darstellungen von $\operatorname{tg}\frac{1}{2}\alpha$ gehen in (III) über, wenn man beachtet, daß $\varrho_a s_a = \varrho_b s_b = \varrho_c s_c = F$, also z. B. $\varrho_a = \sqrt{s\, s_b\, s_c : s_a}$ ist.

b) Anwendung.

Die Tangentenformel liefert die zweckmäßigste Methode zur Berechnung der Winkel aus den Seiten. Denn erstens gestattet sie durchgehende Logarithmierung — im Gegensatz zum Kosinussatz; zweitens hat man nur die vier Logarithmen von s, s_a, s_b, s_c aufzuschlagen — nicht auch noch $\log a$, $\log b$ und $\log c$, wie beim Sehnensatz; drittens sind die aufzuschlagenden Winkel $\frac{1}{2}\alpha$, $\frac{1}{2}\beta$, $\frac{1}{2}\gamma$ sicher spitz, und viertens ist bei fünfstelliger Genauigkeit die Tafeldifferenz von log tg nie kleiner als 25, so daß man mindestens auf 2 Sekunden interpolieren kann.

Die Formeln (III) sind für das praktische Rechnen weniger geeignet, als folgender Rechenplan mittels (II):

$$\log\varrho = \tfrac{1}{2}\{\log s_a + \log s_b + \log s_c - \log s\},$$

$$\log\operatorname{tg}\tfrac{1}{2}\alpha = \log\varrho - \log s_a, \qquad \log\operatorname{tg}\tfrac{1}{2}\beta = \log\varrho - \log s_b,$$

$$\log\operatorname{tg}\tfrac{1}{2}\gamma = \log\varrho - \log s_c.$$

Erstes Beispiel.

(Vgl. § 15. Die runden Zahlen gestatten auch hier, einen Teil der logarithmischen Rechnung zu umgehen.)

$a = 13$, $b = 14$, $c = 15$, also $s = 21$, $s_a = 8$, $s_b = 7$, $s_c = 6$; $\varrho = 4$.

$\mathrm{tg}\,\tfrac{1}{2}\alpha = 1:2$, $\log \mathrm{tg}\,\tfrac{1}{2}\alpha = 9.69897 - 10$, $\tfrac{1}{2}\alpha = 26^0\ 33'\ 54''$
$\mathrm{tg}\,\tfrac{1}{2}\beta = 4:7$, $\log \mathrm{tg}\,\tfrac{1}{2}\beta = 9.75696 - 10$, $\tfrac{1}{2}\beta = 29^0\ 44'\ 41''$
$\mathrm{tg}\,\tfrac{1}{2}\gamma = 2:3$, $\log \mathrm{tg}\,\tfrac{1}{2}\gamma = 9.82391 - 10$, $\tfrac{1}{2}\gamma = 33^0\ 41'\ 25''$

Probe: $90^0\ 0'\ 0''$

$\alpha = 53^0\ 7'\ 48''$, $\beta = 59^0\ 29'\ 22''$, $\gamma = 67^0\ 22'\ 50''$.

Zweites Beispiel.

$a = 13{,}509$, $b = 16{,}470$, $c = 21{,}746$.

$s = 25{,}8625$	$-\log s = 8.58733 - 10$
$s_a = 12{,}3535$	$\log s_a = 1.09179$
$s_b = 9{,}3925$	$\log s_b = 0.97278$
$s_c = 4{,}1165$	$\log s_c = 0.61453$
	$2 \log \varrho = 1.26643$
	$\log \varrho = 0.63321$
$\tfrac{1}{2}\alpha = 19^0\ 10'\ 53''$	$\leftarrow \log \mathrm{tg}\,\tfrac{1}{2}\alpha = 9.54142 - 10$
$\tfrac{1}{2}\beta = 24^0\ 35'\ 9''$	$\leftarrow \log \mathrm{tg}\,\tfrac{1}{2}\beta = 9.66043 - 10$
$\tfrac{1}{2}\gamma = 46^0\ 13'\ 55''$	$\leftarrow \log \mathrm{tg}\,\tfrac{1}{2}\gamma = 0.01868$

Probe: $89^0\ 59'\ 57'' = 90^0 - 3''$

$\alpha = 38^0\ 21'\ 46''$, $\beta = 49^0\ 10'\ 18''$, $\gamma = 92^0\ 27'\ 50''$.

§ 19. Die Formeln von Mollweide und Napier.

Nach dem Winkelsummensatz ist

(IV) $\tfrac{1}{2}(\alpha + \beta) = \tfrac{1}{2}(180^0 - \gamma) = 90^0 - \tfrac{1}{2}\gamma$, daher:

(V) $\sin \tfrac{1}{2}\gamma = \cos \tfrac{1}{2}(\alpha + \beta)$, $\cos \tfrac{1}{2}\gamma = \sin \tfrac{1}{2}(\alpha + \beta)$,

(VI) $\mathrm{tg}\,\tfrac{1}{2}\gamma = \cot \tfrac{1}{2}(\alpha + \beta) = 1 : \mathrm{tg}\,\tfrac{1}{2}(\alpha + \beta)$.

Diese Gleichungen gestatten zuweilen, einer Formel verschiedene Darstellungen zu geben.

Nach dieser Vorbemerkung beweisen wir:

a) Die Formeln von Mollweide:

(VII, 1) $(a - b) : c = \sin\frac{1}{2}(\alpha - \beta) : \cos\frac{1}{2}\gamma,$

(VII, 2) $(a + b) : c = \cos\frac{1}{2}(\alpha - \beta) : \sin\frac{1}{2}\gamma.$

b) Den Tangentensatz oder die Formel von Napier:

(VIII) $(a - b) : (a + b) = \operatorname{tg}\frac{1}{2}(\alpha - \beta) : \operatorname{tg}\frac{1}{2}(\alpha + \beta).$

Die letztere entsteht durch Division der beiden Mollweideschen, zunächst in der Form

$$(a - b) : (a + b) = \operatorname{tg}\tfrac{1}{2}(\alpha - \beta) \cdot \operatorname{tg}\tfrac{1}{2}\gamma,$$

woraus man nach (VI) die angegebene, übersichtlichere und leicht einzuprägende Schreibweise (VIII) erhält.

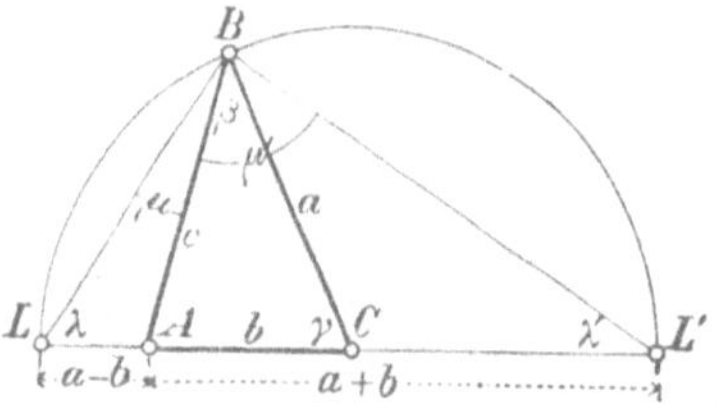

Fig. 16.

Der Einfachheit halber nehmen wir an, a sei größer als b, und tragen es von C aus auf b nach beiden Seiten ab, nach A hin bis L, nach der andern Seite bis L'. Die Gegenwinkel der Seiten $AB = c$ und $AL = a - b$ im Dreieck ABL mögen λ und μ, diejenigen von $AB = c$ und $AL' = a + b$ im Dreieck ABL' mögen λ' und μ' heißen. Dann ist nach dem Sinussatz:

(VII, 3) $(a - b) : c = \sin\mu : \sin\lambda,$

(VII, 4) $(a + b) : c = \sin\mu' : \sin\lambda',$

und wir haben noch λ, μ, λ', μ' zu bestimmen, was auf verschiedene Arten einfach geschehen kann.

Das Dreieck BCL ist gleichschenklig, daher $\sphericalangle CBL = \lambda$ und

$$\mu = \lambda - \beta.$$

Der Winkel an seiner Spitze C aber ist gleich γ, also

$$(\text{IX}, 1) \quad \begin{cases} \lambda = 90^0 - \frac{1}{2}\gamma = \frac{1}{2}(\alpha + \beta), \\ \mu = \frac{1}{2}(\alpha + \beta) - \beta = \frac{1}{2}(\alpha - \beta). \end{cases}$$

Weil B auf einem Kreise über LL' als Durchmesser liegt, ist das Dreieck LBL' bei B rechtwinklig, daher:

$$(\text{IX}, 2) \quad \begin{cases} \lambda' = 90^0 - \lambda = \frac{1}{2}\gamma, \\ \mu' = 90^0 - \mu = 90^0 - \frac{1}{2}(\alpha - \beta). \end{cases}$$

Aus (VII, 3) und (IX, 1) folgt (VII, 1), aus (VII, 4) und (IX, 2) folgt (VII, 2).

c) Anwendung.

Der Tangentensatz ermöglicht auch für den letzten, bisher einer bequemen Lösung entbehrenden Fall, nämlich den der Berechnung des Dreiecks aus zwei Seiten und dem eingeschlossenen Winkel, z. B. a, b, γ, eine durchgehende logarithmische Rechnung.

Nach (VI) kennen wir mit γ auch $\lambda = \frac{1}{2}(\alpha + \beta)$ und finden mittels des Tangentensatzes $\mu = \frac{1}{2}(\alpha - \beta)$; der Rechnungsplan,

$$(\text{X}) \quad \log \operatorname{tg} \mu = \log \operatorname{tg} \lambda + \log (a - b) - \log (a + b),$$

ergibt viermalige Benutzung der Tafel. Mit μ kennen wir $\alpha = \lambda + \mu$, $\beta = \lambda - \mu$ und finden c entweder nach dem Sinussatz, $\log c = \log a - \log \sin \alpha + \log \sin \gamma$, was weitere vier Tafelaufschlagungen erfordert, oder aber mit drei Aufschlagungen nach einer der Mollweideschen Formeln, z. B. der ersten,

$$\log c = \log (a - b) - \log \sin \mu + \log \sin \lambda,$$

weil $\log (a - b)$ bereits von (X) her bekannt ist.

Wir rechnen die beiden ersten Beispiele des § 17 vor; da in diesen aber $b > a$ ist, vertauschen wir die Rollen dieser Seiten in unseren Formeln, wählen insbesondere $\mu = \frac{1}{2}(\beta - \alpha)$, also $\beta = \lambda + \mu$, $\alpha = \lambda - \mu$.

Erstes Beispiel.

$$a = 13,\quad b = 14,\quad \gamma = 67^\circ\, 22'\, 48''.$$

(1) $\beta + \alpha = 112^\circ\, 37'\, 12''$,	
$\lambda = \frac{1}{2}(\beta + \alpha) = 56^\circ\, 18'\, 36''$,	$\log \operatorname{tg} \lambda = 0.17609$
$b - a = 1$,	$\log (b - a) = 0.00000$
$b + a = 27$,	$-\log (b + a) = 8.56864 - 10$
$\mu = \frac{1}{2}(\beta - \alpha) = 3^\circ\, 10'\, 47''$	$\leftarrow \log \operatorname{tg} \mu = 8.74473 - 10$
$\alpha = \lambda - \mu = 53^\circ\, 7'\, 49''$	(2) $\log (b - a) = 0.00000$
$\beta = \lambda + \mu = 59^\circ\, 29'\, 23''$	$-\log \sin \mu = 1.25594$
	$+\log \sin \lambda = 9.92015 - 10$
$c = 15.000$	$\leftarrow \log c = 1.17609$

Zweites Beispiel.

$$a = 13{,}509,\quad b = 16{,}470,\quad \gamma = 92^\circ\, 27'\, 55''.$$

(1) $\beta + \alpha = 87^\circ\, 32'\, 5''$	
$\lambda = 43^\circ\, 46'\, 3''$	$\log \operatorname{tg} \lambda = 9.98131 - 10$
$b - a = 2{,}961$	$\log (b - a) = 0.47144$
$b + a = 29{,}979$	$-\log (b + a) = 9.52318 - 10$
$\mu = 5^\circ\, 24'\, 17''$	$\leftarrow \log \operatorname{tg} \mu = 8.97593 - 10$
$\alpha = 38^\circ\, 21'\, 46''$	(2) $\log b - a = 0.47144$
$\beta = 49^\circ\, 10'\, 20''$	$-\log \sin \mu = 1.02601$
	$\log \sin \lambda = 9.83994 - 10$
$c = 21.7465$	$\leftarrow \log c = 1.33739$

Viertes Kapitel.

Die Additionstheoreme.

§ 20. Die Addition und Subtraktion der Winkel.

Die Sinus und Kosinus der Summe und der Differenz zweier Phasen lassen sich algebraisch ausdrücken durch diejenigen der Phasen selbst vermöge der sogenannten Additionstheoreme:

$$
(\mathrm{I})\begin{cases}
(1) & \sin(\lambda+\mu)=\sin\lambda\cos\mu+\cos\lambda\sin\mu\,,\\
(2) & \sin(\lambda-\mu)=\sin\lambda\cos\mu-\cos\lambda\sin\mu\,,\\
(3) & \cos(\lambda+\mu)=\cos\lambda\cos\mu-\sin\lambda\sin\mu\,,\\
(4) & \cos(\lambda-\mu)=\cos\lambda\cos\mu+\sin\lambda\sin\mu\,.
\end{cases}
$$

a) Bau der Formeln; Stichproben.

Zur Vorbereitung und Vereinfachung des Beweises, zugleich zur leichteren Einprägung dieser wichtigen Formeln betrachten wir vorerst ihre linken und rechten Seiten gesondert. Die linken Seiten sind die Sinus und Kosinus der beiden Winkel

$$
(\mathrm{II}) \qquad \alpha=\lambda+\mu\,,\quad \beta=\lambda-\mu\,.
$$

Die rechten Seiten sind Ausdrücke von der Form $pp'+qq'$, worin p, q bis auf Reihenfolge und Vorzeichen („summarisch") die Größen $\sin\lambda$, $\cos\lambda$, ebenso p', q' „summarisch" $\sin\mu$, $\cos\mu$ bezeichnen. Solcher Ausdrücke $pp'+qq'$ gibt es genau acht, nämlich erstens

$$
(\mathrm{III})\begin{cases}
A=\sin\lambda\cos\mu+\cos\lambda\sin\mu\,,\\
B=\sin\lambda\cos\mu-\cos\lambda\sin\mu\,,\\
C=\cos\lambda\cos\mu-\sin\lambda\sin\mu\,,\\
D=\cos\lambda\cos\mu+\sin\lambda\sin\mu\,,
\end{cases}
$$

und zweitens die entgegengesetzten: $-A$, $-B$, $-C$, $-D$. „Summarisch" stimmen also $\sin\alpha$, $\sin\beta$; $\cos\alpha$, $\cos\beta$ mit A, B, C, D überein, und es handelt sich nur noch um die Bestimmung von Reihenfolge und Vorzeichen. Diese erfolgt, sicherer und gedanklich einfacher als durch jede mechanische Gedächtnisregel[1]), durch „Stichproben". Wir setzen erstens $\mu=0^0$, also: $\alpha=\beta=\lambda$, $\sin\mu=0$,

[1]) Beispielsweise: Die mittleren Vorzeichen beider Seiten einer Formel sind gleich und die Faktoren jedes Produktes rechter Hand ungleichnamig, wenn linker Hand ein Sinus steht; dagegen sind die Vorzeichen ungleich und die Faktoren gleichnamig, wenn linker Hand ein Kosinus steht.

$\cos\mu = 1$ (§ 9, I). Dann gehen $\sin\alpha$, $\sin\beta$, A und B in $\sin\lambda$, dagegen $\cos\alpha$, $\cos\beta$, C und D in $\cos\lambda$ über; es können also die **Sinus** von α, β nur durch $+A$, $+B$, die **Kosinus** nur durch $+C$, $+D$ dargestellt werden. Setzen wir zweitens $\beta = 0^0$, also $\mu = \lambda$, $\sin\beta = 0$, $\cos\beta = 1$, so werden $B = \cos\lambda\sin\lambda - \sin\lambda\cos\lambda = 0$, $D = \cos^2\lambda + \sin^2\lambda = 1$, es kann also B nur den Sinus von β (nicht α), D nur den Kosinus von β darstellen; der richtige Ansatz kann schließlich nur lauten:

$$\sin\alpha = A, \quad \cos\alpha = C,$$
$$\sin\beta = B, \quad \cos\beta = D.$$

Anmerkung 1. Diese Proben kann man durch weitere, wie α, β, λ, oder μ gleich 0^0, 90^0, 180^0 usw. ergänzen und kontrollieren. Vor der besonders beliebten Vorzeichenverwechslung in (I, 3, 4) schützt auch die Überlegung, daß im ersten Quadranten der größere Winkel α einen kleineren Kosinus als β besitzt.

b) Die Vertauschbarkeit der Phasen.

Vertauschen wir λ mit μ, so werden in (I, 1, 3) nur Summanden in Summen und Faktoren in Produkten vertauscht, es ändert sich also gar nichts, was man den Formeln auch unmittelbar ansieht. In (I, 2) wechseln beide Seiten das Vorzeichen, die rechte algebraisch durch Vertauschung der beiden Produkte, die linke nach dem Umkehrungssatz, weil $\mu - \lambda = -\beta$. Aus analogen Gründen bleiben in (I, 4) beide Seiten ungeändert. Die Phasen λ, μ spielen also nicht nur in (I, 1, 3), sondern auch in (I, 2, 4) völlig gleichberechtigte Rollen.

c) Umkehrung einer Phase.

Ersetzen wir μ durch $-\mu$, so vertauschen sich A und B, C und D, α und β; damit geht (I, 1) in (I, 2), (I, 2) in (I, 1), (I, 3) in (I, 4) und (I, 4) in (I, 3) über.

Denselben Erfolg muß nach **b)** der Ersatz von λ durch $-\lambda$ haben, wovon man sich in der Tat leicht überzeugt.

d) Vierteldrehung einer Phase.

Ersetzen wir λ durch $\lambda_1 = 90^0 + \lambda$ und schreiben entsprechend α_1, β_1, A_1 usw. für α, β, A usw., so wird $\sin\lambda_1 = \cos\lambda$, $\cos\lambda_1 = -\sin\lambda$, daher:

$$A_1 = C, \qquad C_1 = -A,$$
$$B_1 = D, \qquad D_1 = -B;$$

zugleich wird $\alpha_1 = 90^0 + \alpha$, $\beta_1 = 90^0 + \beta$, daher

$$\sin\alpha_1 = \cos\alpha, \quad \cos\alpha_1 = -\sin\alpha,$$
$$\sin\beta_1 = \cos\beta, \quad \cos\beta_1 = -\sin\beta.$$

Aus $\sin\alpha = A$ folgt daher $\cos\alpha_1 = C_1$, aus $\sin\beta = B$ folgt $\cos\beta_1 = D_1$ usw., d.h. die Formeln (I, 1, 2, 3, 4) gehen der Reihe nach über in (I, 3, 4, 1, 2). Dasselbe gilt nach **b)**, wenn μ durch $90^0 + \mu$ ersetzt wird.

e) Komplement einer Phase.

Ersetzen wir λ durch $\lambda_2 = 90^0 - \lambda$, so wird

$$A_2 = D, \qquad C_2 = B,$$
$$B_2 = C, \qquad D_2 = A;$$

ferner wird $\alpha_2 = 90^0 - \beta$, $\beta_2 = 90^0 - \alpha$, also

$$\sin\alpha_2 = \cos\beta, \quad \cos\alpha_2 = \sin\beta,$$
$$\sin\beta_2 = \cos\alpha, \quad \cos\beta_2 = \sin\alpha.$$

Dadurch gehen (I, 1, 2, 3, 4) in (I, 4, 3, 2, 1) über.

Dasselbe ergibt sich bereits nach **c)** und **d)**, indem man λ zunächst umkehrt und sodann um 90° vergrößert; dabei geht z. B. (I, 1) zunächst in (I, 2) und dies sodann in (I, 4) über.

f) Verwandte Phasen.

Durch beliebige Kombination von Vierteldrehungen und Umkehrungen einzelner und Vertauschung beider

Phasen λ, μ erhält man alle mit dem Paar λ, μ „verwandten“, d. h. solche Paare λ', μ', in denen entweder λ' mit λ und μ' mit μ, oder λ' mit μ und μ' mit λ verwandt ist. Aus **b)**, **c)**, **d)** sieht man nun erstens, daß aus der Verwandtschaft von λ, μ mit λ', μ' diejenige von α, β mit α', β' folgt; zweitens, daß die Gültigkeit der vier Formeln (I) für irgend ein Paar λ, μ zugleich diejenige für alle mit ihm verwandten Paare λ', μ' enthält. Da jede Phase eine Verwandte im ersten Oktanten besitzt (§ 12 c), ist der Beweis der Additionstheoreme allgemein erbracht, wenn er für die Winkel λ, μ von 0^0 bis 45^0 erbracht ist. Wegen **b)** kann dabei noch angenommen werden, daß λ nicht kleiner als μ, also $0^0 \leqq \mu \leqq \lambda \leqq 45^0$ ist; andernfalls brauchte man nur λ und μ zu vertauschen.

g) Vielfache von 90°.

Wenn eine der Phasen λ, μ, α, β mit 0^0 verwandt, d. h. ein Vielfaches von 90^0 ist, so ergibt sich die Gültigkeit derjenigen Formeln (I), in denen sie auftritt, aus bereits bekannten Sätzen. Nach **f)** genügt es, diese Behauptung für $0^0 \leqq \mu \leqq \lambda \leqq 45^0$ zu beweisen, und dann kommen nur die Fälle $\mu = 0^0$ und $\beta = 0^0$ in Betracht[1]), die bereits in **a)** erledigt und als Stichproben verwertet sind.

Anmerkung 2. Aus (I, 1, 3) folgt für $\lambda = 90^0$ der Vierteldrehungs-, aus (I, 2, 4) für $\lambda = 0^0$ der Umkehrungssatz. Die gesamten Drehungs- und Umklappungssätze sind also Sonderfälle der Additionstheoreme; daß wir in diesen Sätzen einen Teil des Inhalts der Additionstheoreme vorweggenommen haben, ist der tiefere Grund für die weitgehenden Vereinfachungen des allgemeinen Beweises, die wir hier aus ihnen gewinnen.

---

[1]) Aus $\lambda = 0^0$ oder $\alpha = 0^0$ folgt $\mu = 0^0$, aus $\alpha = 90^0$ folgt $\lambda = \mu = 45^0$, also $\beta = 0^0$.

h) Zwei Formeln und ein Quadrant.

Man kann die Zahl der zu beweisenden Formeln (I) dadurch verringern, daß man den Beweis auf Phasen über den ersten Oktanten hinaus ausdehnt. Unter der Voraussetzung, daß λ, μ, α, β zwischen 0° und 90° liegen — wobei nach g) 0° und 90° selbst ausgeschlossen werden dürfen —, genügt es, von jedem der Paare (I, 1, 4) und (I, 2, 3) je eine Formel zu beweisen.

Mit λ, μ, α, β liegen auch λ_2, μ, α_2, β_2 (vgl. e) zwischen 0° und 90°. Sind daher z. B. (I, 1) und (I, 3) für diesen Bereich erwiesen, so ist $\sin\alpha = A$, $\cos\alpha = C$, $\sin\alpha_2 = A_2$, $\cos\alpha_2 = C_2$, also nach e) auch $\cos\beta = D$, $\sin\beta = B$. Es gelten also alle vier Formeln zwischen 0° und 90°, also erst recht für $0° \leqq \mu \leqq \lambda \leqq 45°$, und damit ist nach f) der allgemeine Beweis erbracht.

i) Eine Formel und zwei Quadranten.

Unter der Voraussetzung, daß λ, μ, α, β zwischen 0° und 180° liegen — wobei nach g) 0° und 180° selbst ausgeschlossen werden dürfen — genügt es, eine einzige der Formeln (I) zu beweisen.

Wenn λ, μ, α, β zwischen 0° und 90° liegen, so liegen sie gewiß selbst, außerdem aber auch λ_1, μ, α_1, β_1 (vgl. d) zwischen 0° und 180°. Ist daher z. B. (I, 1) für diesen Bereich erwiesen, so ist $\sin\alpha = A$, $\sin\alpha_1 = A_1$, und nach d) auch $\cos\alpha = C$; es sind also (I, 1) und (I, 3) für Winkel zwischen 0° und 90° erwiesen, woraus nach h) die Allgemeingültigkeit aller vier Formeln folgt.

§ 21. Beweis der Additionstheoreme.

a) Erster Beweis: (I, 1, 3) für Winkel zwischen 0° und 90°.

Der Halbstrahl OR_1 zerlege den Winkel $R_0OP_0 = \alpha$ in $\sphericalangle R_0OR_1 = \lambda$ und $\sphericalangle R_1OP_0 = \mu$. Wir machen $OR_0 = 1$, fällen von R_0 die Lote R_0P_0 auf OP_0, R_0R_1 auf OR_1 so daß $\sphericalangle P_0R_0R_1 = \sphericalangle P_0OR_1 = \mu$ und

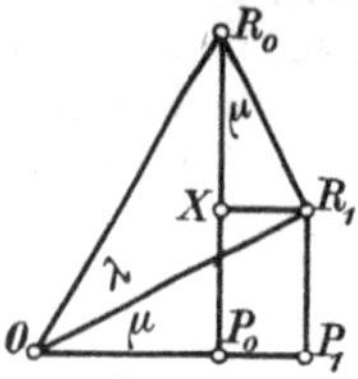

Fig. 17.

$$\text{(IV)} \quad \begin{cases} OP_0 = \cos(\lambda + \mu), \\ P_0R_0 = \sin(\lambda + \mu), \end{cases}$$

$$\text{(V)} \quad \begin{cases} OR_1 = \cos\lambda, \\ R_1R_0 = \sin\lambda \end{cases}$$

wird, und zerlegen endlich mittels der Lote R_1P_1 auf OP_0 und R_1X auf P_0R_0 die Strecken OP_0 und P_0R_0 in

$$\text{(VI)} \quad \begin{cases} OP_0 = OP_1 - P_0P_1 = OP_1 - R_1X; \\ P_0R_0 = P_0X + XR_0 = P_1R_1 + XR_0. \end{cases}$$

Aus den rechtwinkligen Dreiecken OP_1R_1 und R_0XR_1 folgt

$$OP_1 = OR_1 \cos\mu, \quad P_1R_1 = OR_1 \sin\mu,$$
$$R_1X = R_1R_0 \sin\mu, \quad XR_0 = R_1R_0 \cos\mu.$$

Indem wir diese Werte in (VI) einsetzen, erhalten wir mit (IV), (V) die Formeln (I, 1, 3); nach § 20, h sind dadurch die Additionstheoreme vollständig bewiesen.

b) Zweiter Beweis: (I, 1) für Winkel zwischen 0° und 180°.

Wenn λ, μ und $\lambda + \mu$ zwischen 0° und 180° liegen, kann man ein Dreieck LMN mit den Innenwinkeln λ, μ und $\nu = 180° - (\lambda + \mu)$ zeichnen. Die Seiten haben die Längen

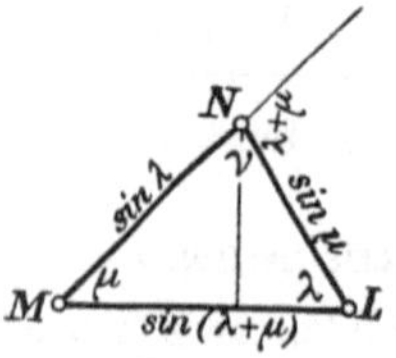

Fig. 18.

$$\text{(VII)} \quad \begin{cases} l = 2r\sin\lambda, \quad m = 2r\sin\mu, \\ n = 2r\sin\nu = 2r\sin(\lambda + \mu). \end{cases}$$

Nach der Kosinusformel, § 16, c ist:

$$n = l\cos\mu + m\cos\lambda,$$

woraus sich durch Einsetzen der Werte (VII) und Division mit $2r$ (das in der Figur bereits als Längeneinheit gedacht ist) die Formel (I, 1) ergibt. Nach § 20, i sind hiermit die Additionstheoreme allgemein bewiesen.

c) Dritter Beweis: Verallgemeinerung des ersten.

Wir setzen nur voraus, daß λ zwischen 0° und 90° liegt, daß also $\sin\lambda$ und $\cos\lambda$ positiv sind. R sei der Punkt des Einheitskreises mit der Phase λ, P und Q seine Projektionen. Die Radien dieser drei Punkte sind dann:

$$1,\quad \cos\lambda,\quad \sin\lambda,$$

ihre Phasen: $\lambda,\quad 0,\quad 90^\circ.$

Drehen wir das Rechteck $OPQR$ um einen beliebigen Winkel μ im positiven Sinne in die Lage $OR_1R_2R_0$, so bleiben die Radien unverändert, die Phasen gehen über in:

$$\lambda+\mu,\quad \mu,\quad 90^\circ+\mu.$$

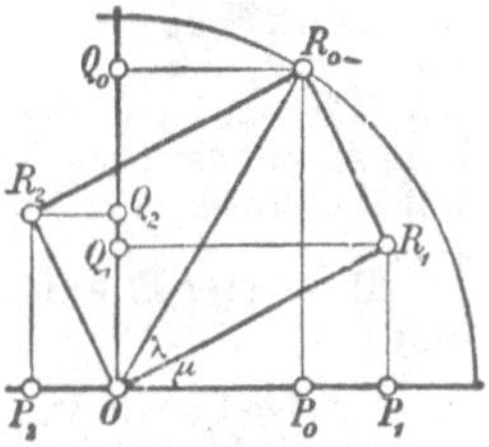

Fig. 19.

Nach § 9, (II) S. 29, erhalten wir daher als kartesische Koordinaten

$$\begin{aligned}
&\text{von } R_0: \quad x_0 = \cos(\lambda+\mu), &\quad y_0 &= \sin(\lambda+\mu),\\
&\text{von } R_1: \quad x_1 = \cos\lambda\cos\mu, &\quad y_1 &= \cos\lambda\sin\mu,\\
&\text{von } R_2: \quad x_2 = -\sin\lambda\sin\mu, &\quad y_2 &= \sin\lambda\cos\mu.
\end{aligned}$$

Damit sind (I, 1, 3) bewiesen, wenn wir noch zeigen, daß:

(VIII) $$x_0 = x_1 + x_2,\quad y_0 = y_1 + y_2$$

ist. Diese Gleichungen sind lediglich der rechnerische Ausdruck dessen, daß $OR_1R_2R_0$ ein Parallelogramm ist. Allgemein nämlich gibt $x_1 - x_0$ mit seinem Absolutbetrag die Länge, mit seinem Vorzeichen die Richtung der Projektion P_0P_1 der Strecke R_0R_1 an. Sind daher R_2R_3 und R_0R_1 gleichstimmig parallele und gleichlange Strecken, so ist $x_3 - x_2 = x_1 - x_0$, woraus sich ergibt: $x_0 + x_3 = x_1 + x_2$, analog $y_0 + y_3 = y_1 + y_2$. In unserm besondern Falle fällt R_3 nach O, es wird $x_3 = y_3 = 0$, woraus (VIII) folgt.

Anmerkung 1. Drehen wir um den Winkel μ im negativen Sinne, so erhalten R_0, R_1, R_2 die Phasen $\lambda - \mu$, $-\mu$ und $90^\circ - \mu$, womit wir wörtlich wie oben die Formeln (I, 2, 4) ableiten. Jedes der Paare (I, 1, 3), (I, 2, 4) ist hierbei für einen viel weiteren Phasenbereich als den in § 20, h geforderten bewiesen (nämlich für beliebiges μ, wenn auch in der Figur der Einfachheit halber $\mu < 90^\circ$ gewählt ist, und für spitzes λ) und genügt daher für sich bereits zum vollgültigen Beweis aller vier Formeln. Auch die Beschränkung von λ kann man noch fallen lassen, wenn man nach § 13, Anmerkung 5, negative Radien in den Polarkoordinaten zuläßt. Eine besonders kurze Darstellung dieses völlig allgemeinen Beweises gibt mittels komplexer Zahlen der § 51 a.

Anmerkung 2. Ist R der Mittelpunkt der Strecke R_1R_2, so sind R_1R und RR_2 gleichlang und gleichgerichtet, daher $x - x_1 = x_2 - x$, woraus $x = \frac{1}{2}(x_1 + x_2)$ folgt. Weil nun $OR_1R_2R_0$ ein Parallelogramm ist, ist der Mittelpunkt von OR_0 identisch mit demjenigen von R_1R_2, also $\frac{1}{2}(0 + x_0) = \frac{1}{2}(x_1 + x_2)$, womit abermals (VIII) bewiesen ist.

d) Vierter Beweis: (I, 1, 3) für λ, μ, β zwischen 0° und 90°.

Aus der Planimetrie ist bekannt[1]), daß in jedem Sehnenviereck das Diagonalenprodukt gleich der Summe der Gegenseitenprodukte ist. Drücken wir die Seiten und Diagonalen nach dem Sehnensatz durch die zugehörigen Peripheriewinkel in der Bezeichnung der Figur 20 aus und wählen $2r$ als Längeneinheit, so lautet der „Ptolemäische Lehrsatz“:

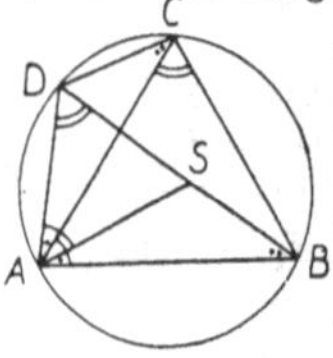

Fig. 20.

(IX) $$\sin(\lambda + \lambda') \sin(\lambda + \mu) = \sin\lambda \sin\mu' + \sin\lambda' \sin\mu .$$

Er gilt für irgend vier positive Winkel, die der Forderung

(X) $$\lambda + \lambda' + \mu + \mu' = 180^\circ$$

genügen; diese folgt durch Aufstellung der Winkelsumme des Vierecks oder daraus, daß die zu den Peripheriewinkeln $\lambda, \lambda', \mu, \mu'$ gehörigen Bogen sich zum vollen Kreise ergänzen.

[1]) Ein Beweis wird im Anhang (S. 167) gegeben.

Wählen wir eine Diagonale als Durchmesser, z. B. der Figur 21a gemäß $\lambda + \lambda' = \mu + \mu' = 90^\circ$, so folgt aus (IX) unmittelbar:

$$\sin(\lambda + \mu) = \sin\lambda \cos\mu + \cos\lambda \sin\mu\,.$$

Wählen wir eine Seite als Durchmesser, z. B. der Figur 21b entsprechend $\lambda = 90^\circ$, so wird nach (X) $\mu' = 90^\circ - (\lambda' + \mu)$, und (IX) geht über in:

$$\cos\lambda' \cos\mu = \cos(\lambda' + \mu) + \sin\lambda' \sin\mu\,.$$

Damit sind abermals (I, 1, 3) bewiesen. Aus der Winkelbezeichnung der Figuren 21, c, d liest man ebenso (I, 2, 4) ab.

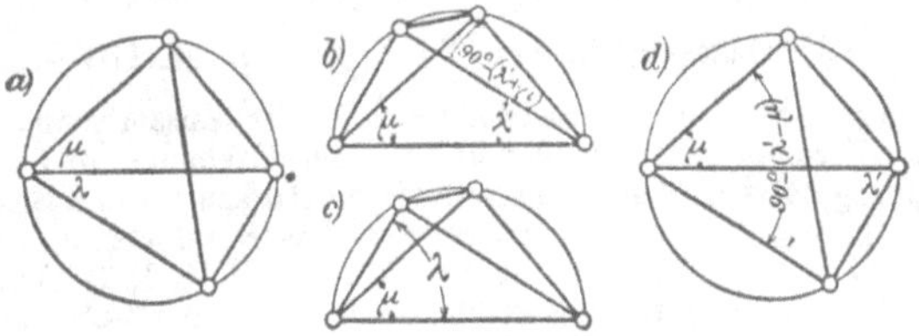

Fig. 21.

Anmerkung 3. Der Leser versuche umgekehrt aus (X) mittels der Additionstheoreme (IX) herzuleiten.

Anmerkung 4. Von unsern Beweisen ist a) der heute am meisten gebräuchliche, b) der kürzeste, c) der allgemeinste, d) der historisch älteste. Vgl. hierzu § 25.

§ 22. Die Addition und Subtraktion der Sinus und Kosinus.

Aus den Additionstheoremen folgt unmittelbar:

$$(\text{XI})\begin{cases}(1) & \sin(\lambda + \mu) + \sin(\lambda - \mu) = 2\sin\lambda\cos\mu,\\(2) & \sin(\lambda + \mu) - \sin(\lambda - \mu) = 2\cos\lambda\sin\mu,\\(3) & \cos(\lambda + \mu) + \cos(\lambda - \mu) = 2\cos\lambda\cos\mu,\\(4) & \cos(\lambda + \mu) - \cos(\lambda - \mu) = -2\sin\lambda\sin\mu.\end{cases}$$

Diese Formeln ergeben durch paarweise Addition und Subtraktion wieder die Additionstheoreme, sind also mit diesen gleichwertig. Sie werden meist anders geschrieben, indem man λ und μ durch α und β (II, § 20) ausdrückt. Es wird $\alpha + \beta = 2\lambda$, $\alpha - \beta = 2\mu$,

also $$\lambda = \tfrac{1}{2}(\alpha + \beta), \mu = \tfrac{1}{2}(\alpha - \beta),$$

und die Formeln (XI) lauten:

$$\text{(XII)}\begin{cases}(1)\ \sin\alpha + \sin\beta = 2\sin\tfrac{1}{2}(\alpha+\beta)\cos\tfrac{1}{2}(\alpha-\beta),\\ (2)\ \sin\alpha - \sin\beta = 2\cos\tfrac{1}{2}(\alpha+\beta)\sin\tfrac{1}{2}(\alpha-\beta),\\ (3)\ \cos\alpha + \cos\beta = 2\cos\tfrac{1}{2}(\alpha+\beta)\cos\tfrac{1}{2}(\alpha-\beta),\\ (4)\ \cos\alpha - \cos\beta = -2\sin\tfrac{1}{2}(\alpha+\beta)\sin\tfrac{1}{2}(\alpha-\beta).\end{cases}$$

Anmerkung. Betrachtungen über die Zusammenhänge dieser Formeln untereinander und mit den Drehungs- und Umklappungssätzen, über mnemotechnische Hilfsmittel und Stichproben möge der Leser selbständig anstellen. — Die Formeln (XII, 1, 3) können fast unmittelbar aus der Figur 22 abgelesen werden, die übrigens nur eine Erweiterung der Figur 17 vorstellt: Es seien R_1, R_2 die Punkte des Einheitskreises mit den Phasen α und β; R sei die Mitte der Sehne R_1R_2. Dann ist nach § 21, Anm. 2: $x = \frac{1}{2}(x_1 + x_2)$, $y = \frac{1}{2}(y_1 + y_2)$ und darin $x_1 = \cos\alpha$, $x_2 = \cos\beta$, $y_1 = \sin\alpha$, $y_2 = \sin\beta$. Andererseits halbiert OR den Winkel R_1OR_2 und steht lotrecht auf R_1R_2, woraus sich $\frac{1}{2}(\alpha + \beta)$ als Phase, $\cos\frac{1}{2}(\alpha - \beta)$ als Radius von R ergibt. Demnach ist $x = \cos\frac{1}{2}(\alpha - \beta)\cos\frac{1}{2}(\alpha + \beta)$, $y = \cos\frac{1}{2}(\alpha - \beta)\sin\frac{1}{2}(\alpha + \beta)$, und durch Vergleich mit den zuvor gefundenen Werten folgt (XII, 1, 3). Durch Betrachtung des Dreiecks R_2RX findet man auch (XII, 2, 4), einfacher aber, indem man in (XII, 1, 3) β durch $180^\circ + \beta$ ersetzt.

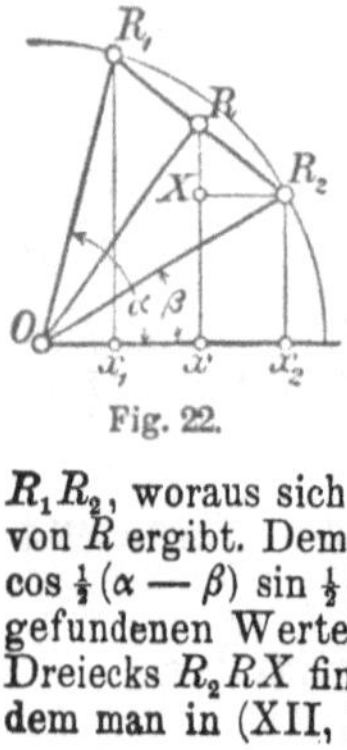

Fig. 22.

§ 23. Das Additionstheorem der Tangente.

a) Folgerungen aus den Formeln (I).

Ersetzen wir in (I) $\sin\lambda$ und $\sin\mu$ durch $\cos\lambda\,\text{tg}\,\lambda$ und $\cos\mu\,\text{tg}\,\mu$, so folgt:

$$\text{(XIII)}\begin{cases}(1, 2) & \sin(\lambda \pm \mu) = \cos\lambda \cos\mu\,(\operatorname{tg}\lambda \pm \operatorname{tg}\mu)\\ (3, 4) & \cos(\lambda \pm \mu) = \cos\lambda \cos\mu\,(1 \mp \operatorname{tg}\lambda \operatorname{tg}\mu).\end{cases}$$

In derartigen Formeln ist natürlich von den Doppelvorzeichen auf beiden Seiten zugleich entweder das obere oder das untere Zeichen zu nehmen. — Durch seitenweise Division erhält man aus (XIII) folgende sechs Formeln:

$$\text{(XIV, 1)}\qquad \operatorname{tg}(\lambda + \mu) = \frac{\operatorname{tg}\lambda + \operatorname{tg}\mu}{1 - \operatorname{tg}\lambda \operatorname{tg}\mu},$$

$$\text{(XIV, 2)}\qquad \operatorname{tg}(\lambda - \mu) = \frac{\operatorname{tg}\lambda - \operatorname{tg}\mu}{1 + \operatorname{tg}\lambda \operatorname{tg}\mu};$$

$$\text{(XV, 1)}\qquad \frac{\sin(\lambda + \mu)}{\cos(\lambda - \mu)} = \frac{\operatorname{tg}\lambda + \operatorname{tg}\mu}{1 + \operatorname{tg}\lambda \operatorname{tg}\mu},$$

$$\text{(XV, 2)}\qquad \frac{\cos(\lambda + \mu)}{\cos(\lambda - \mu)} = \frac{1 - \operatorname{tg}\lambda \operatorname{tg}\mu}{1 + \operatorname{tg}\lambda \operatorname{tg}\mu};$$

$$\text{(XV, 3)}\qquad \frac{\sin(\lambda - \mu)}{\cos(\lambda + \mu)} = \frac{\operatorname{tg}\lambda - \operatorname{tg}\mu}{1 - \operatorname{tg}\lambda \operatorname{tg}\mu},$$

$$\text{(XV, 4)}\qquad \frac{\sin(\lambda - \mu)}{\sin(\lambda + \mu)} = \frac{\operatorname{tg}\lambda - \operatorname{tg}\mu}{\operatorname{tg}\lambda + \operatorname{tg}\mu}.$$

Die Formeln (XIV) enthalten das Additionstheorem der Tangente.

Anmerkung. Das Additionstheorem der Kotangente ist infolge der Beziehung $\cot\varphi = 1 : \operatorname{tg}\varphi$ lediglich eine Umformung von (XIV, 1), und zwar eine recht unübersichtliche:

$$\text{(XVI)}\qquad \cot(\lambda + \mu) = (\cot\lambda \cot\mu - 1) : (\cot\lambda + \cot\mu).$$

b) Folgerungen aus den Formeln (XII).

Durch seitenweise Division folgen aus (XII) sechs Formeln:

$$\text{(XVII)}\qquad \frac{\sin\alpha - \sin\beta}{\sin\alpha + \sin\beta} = \frac{\operatorname{tg}\frac{1}{2}(\alpha - \beta)}{\operatorname{tg}\frac{1}{2}(\alpha + \beta)}.$$

$$\text{(XVIII)}\quad \frac{\sin\alpha \pm \sin\beta}{\cos\alpha + \cos\beta} = -\frac{\cos\alpha - \cos\beta}{\sin\alpha \mp \sin\beta} = \operatorname{tg}\tfrac{1}{2}(\alpha \pm \beta).$$

$$\text{(XIX)}\quad \frac{\cos\alpha - \cos\beta}{\cos\alpha + \cos\beta} = -\operatorname{tg}\tfrac{1}{2}(\alpha + \beta)\operatorname{tg}\tfrac{1}{2}(\alpha - \beta).$$

§ 24. Doppelte und halbe Winkel.

a) Die Funktionen des doppelten Winkels.

Setzen wir in (I, 1, 3) und (XIV, 1) $\mu = \lambda$, so folgt:

$$\text{(XX)}\quad \begin{cases} (1) & \sin 2\lambda = 2\sin\lambda\cos\lambda\,, \\ (2) & \cos 2\lambda = \cos^2\lambda - \sin^2\lambda\,, \\ (3) & \operatorname{tg} 2\lambda = 2\operatorname{tg}\lambda : (1 - \operatorname{tg}^2\lambda)\,. \end{cases}$$

b) Sinus und Kosinus des halben Winkels.

Aus (XII) folgt für $\beta = 0$:

$$\text{(XXI)}\quad \begin{cases} (1) & \sin\alpha = 2\sin\tfrac{1}{2}\alpha\cos\tfrac{1}{2}\alpha\,, \\ (2) & 1 + \cos\alpha = 2\cos^2\tfrac{1}{2}\alpha\,, \\ (3) & 1 - \cos\alpha = 2\sin^2\tfrac{1}{2}\alpha\,. \end{cases}$$

Je nachdem wir (XXI, 2, 3) nach α oder $\frac{1}{2}\alpha$ auflösen, folgt:

$$\text{(XXI, 4, 5)}\quad \cos\alpha = 2\cos^2\tfrac{1}{2}\alpha - 1 = 1 - 2\sin^2\tfrac{1}{2}\alpha\,,$$

$$\text{(XXI, 6)}\quad \cos\tfrac{1}{2}\alpha = \pm\sqrt{\tfrac{1}{2}(1 + \cos\alpha)}\,;$$

$$\text{(XXI, 7)}\quad \sin\tfrac{1}{2}\alpha = \pm\sqrt{\tfrac{1}{2}(1 - \cos\alpha)}\,.$$

Liegt $\frac{1}{2}\alpha$ im ersten Quadranten, so gilt das Pluszeichen.

Anmerkung. Ersetzt man in (XX, 1) 2λ durch α, λ durch $\frac{1}{2}\alpha$, so erhält man (XXI, 1); ebenso entstehen (XXI, 4, 5) aus (XX, 2), wenn man außerdem noch $\sin^2\lambda$ durch $1 - \cos^2\lambda$ oder $\cos^2\lambda$ durch $1 - \sin^2\lambda$ ersetzt. Es handelt sich also in

(XX) und (XXI) nur um verschiedene Darstellungen derselben Zusammenhänge.

c) Die Tangente des halben Winkels.

Aus (XVIII) ergibt sich für $\beta = 0$, ebenso durch Division aus (XXI, 1, 2, 3):

$$\text{(XXII, 1, 2)} \quad \operatorname{tg}\tfrac{1}{2}\alpha = \frac{\sin\alpha}{1+\cos\alpha} = \frac{1-\cos\alpha}{\sin\alpha}\,.$$

Andererseits folgt aus (XV, 1, 2) für $\lambda = \mu = \frac{1}{2}\alpha$:

$$\text{(XXII, 3, 4)} \quad \sin\alpha = \frac{2\operatorname{tg}\frac{1}{2}\alpha}{1+\operatorname{tg}^2\frac{1}{2}\alpha}\,, \quad \cos\alpha = \frac{1-\operatorname{tg}^2\frac{1}{2}\alpha}{1+\operatorname{tg}^2\frac{1}{2}\alpha}\,.$$

d) Quadranten und Vorzeichen.

Durch die Werte $p = \cos\alpha$, $q = \sin\alpha$ ist α bis auf Vielfache von 360^0, daher $\lambda = \frac{1}{2}\alpha$ nur bis auf Vielfache von 180^0 bestimmt; es gibt also zwei nicht kongruente Phasen, λ_1 und $\lambda_2 = 180^0 + \lambda_1$, welche der Bedingung $\cos 2\lambda = p$, $\sin 2\lambda = q$ genügen. Weil $\operatorname{tg}\lambda_2 = \operatorname{tg}\lambda_1$, $\cos\lambda_2 = -\cos\lambda_1$, $\sin\lambda_2 = -\sin\lambda_1$ wird, ist $\operatorname{tg}\frac{1}{2}\alpha$ eindeutig, dagegen $\cos\frac{1}{2}\alpha$, $\sin\frac{1}{2}\alpha$ nur bis aufs Vorzeichen durch $\cos\alpha$, $\sin\alpha$ bestimmt, was wir in (XXII, 1, 2) und (XXI, 6, 7) bestätigt finden. Dabei ist zu beachten, daß die Vorzeichen der Quadratwurzeln in (XXI, 6, 7) nicht unabhängig sind; aus (XXI, 1) ergibt sich, daß sie übereinstimmen müssen, wenn $\sin\alpha$ positiv ist, daß sie aber verschieden zu wählen sind, wenn $\sin\alpha$ negativ ist. Im ersten Falle liegt in der Tat α im ersten oder zweiten, also λ_1 im ersten und λ_2 im dritten Quadranten, im zweiten Falle liegt α im dritten oder vierten, daher λ_1 im zweiten und λ_2 im vierten Quadranten.

e) Geometrische Darstellung.

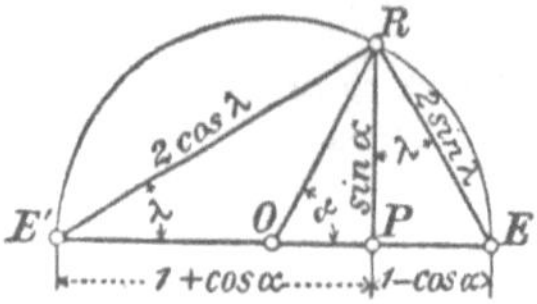

Fig. 23.

Nach dem Satz vom Peripheriewinkel ist in der Fig. 23: $\alpha = 2\lambda$; aus den rechtwinkligen Dreiecken RPE und $E'PR$ kann man danach die Formeln (XXI, 1, 2, 3) (XXII, 1, 2) direkt ablesen.

§ 25. Die Bedeutung der Additionstheoreme.

Bereits in § 5e wurde darauf hingewiesen, daß die in der Einleitung gestellte Aufgabe der Berechnung von Strecken aus Winkeln und umgekehrt erst mit den Additionstheoremen ihre vollständige Lösung findet. In der Tat kann man, von den Werten $\sin 90^\circ = 1$, $\cos 90^\circ = 0$ ausgehend, zunächst durch fortgesetzte Winkelhalbierung nach § 24 die Funktionen beliebig kleiner Winkel berechnen und sodann durch Zusammensetzung hinreichend kleiner Winkel mit jeder vorgeschriebenen Genauigkeit einen beliebigen Winkel φ, mittels der Additionstheoreme daher auch dessen Funktionen, annähern. Auf Einzelheiten dieser Berechnung und ihre Ausgestaltung mit den Methoden der höheren Mathematik gewähren das zehnte und elfte Kapitel einen Ausblick.

Die Additionstheoreme enthalten demnach die arithmetische (zahlenmäßige) Definition der trigonometrischen Funktionen, und da man aus ihnen rückwärts die geometrischen Definitionen wiedergewinnen kann, bilden sie das Bindeglied zwischen Arithmetik und Geometrie, den eigentlichen Mittelpunkt der Theorie der trigonometrischen Funktionen. Hierdurch erst wird uns die Berühmtheit des in der heutigen Planimetrie nahezu ohne Zusammenhang und Bedeutung dastehenden Ptolemäischen Satzes verständlich: als elementargeometrische Fassung der Additionstheoreme (vgl. § 21 d) enthält er die Trigonometrie des späten Altertums und diente insbesondere zur Berechnung der Sehnentabellen (§ 7 Anm. 2) der alexandrinischen Mathematiker[1]).

[1]) Vgl. J. E. Hofmann, Geschichte der Mathematik, S. G. 226, S. 42.

Der großen Bedeutung der Additionstheoreme entspricht ihre vielseitige Anwendbarkeit. Die mannigfachen Umformungen trigonometrischer Ausdrücke, die durch sie ermöglicht werden, dienen zum rechnerischen Beweis geometrischer Sätze, zur Auflösung trigonometrischer Gleichungen, zur Erleichterung des logarithmischen Rechnens durch Verwandlung von Summen in Produkte usw. Aber auch rein algebraische Aufgaben, wie Rechnungsvereinfachungen und Gleichungsauflösungen, insbesondere der quadratischen und kubischen Gleichung, lassen sich auf Grund der Additionstheoreme mittels der trigonometrischen Tafel bewältigen, ganz analog wie man auf Grund der Gleichung $\log xy = \log x + \log y$ mittels der Logarithmentafel Multiplikationen auf Additionen zurückführt und die Gleichung $x^m = a$ löst. (Kap. XII.) So kann man beispielsweise mittels der Formeln (XI) Produkte in Summen verwandeln, ein Verfahren, das vor Erfindung der Logarithmen unter dem Namen „Prosthaphäresis" tatsächlich angewandt[1], aber durch die bequemere Logarithmenrechnung wieder verdrängt wurde.

Fünftes Kapitel.

Geometrische Anwendungen der Additionstheoreme.

§ 26. Ableitung der Dreieckssätze aus dem Kosinussatz.

a) Der Sinussatz und die Tangentenformel.

Drücken wir im Kosinussatz (§ 16, c) $\cos\alpha$ nach § 24 (XXI, 4, 5) durch $\cos\frac{1}{2}\alpha$ oder $\sin\frac{1}{2}\alpha$ aus, so erhalten wir:

$$\begin{aligned} 4bc\cos^2\tfrac{1}{2}\alpha &= -a^2+b^2+c^2+2bc = -a^2+(b+c)^2 \\ &= [+a+(b+c)]\,[-a+(b+c)] = 4ss_a, \\ 4bc\sin^2\tfrac{1}{2}\alpha &= +a^2-b^2-c^2+2bc = +a^2-(b-c)^2 \\ &= [+a-(b-c)]\,[+a+(b-c)] = 4s_bs_c, \end{aligned}$$

[1] Vgl. J. E. Hofmann, Geschichte der Mathematik, S. G. 226, S. 93.

(I) $\cos\frac{1}{2}\alpha = \sqrt{\frac{s s_a}{bc}}, \quad \sin\frac{1}{2}\alpha = \sqrt{\frac{s_b s_c}{bc}}.$

Weil $\frac{1}{2}\alpha$ spitz ist, sind beide Wurzeln positiv zu nehmen. Durch Division ergibt sich hieraus die Tangentenformel (§ 18a), durch Multiplikation nach § 24,(XXI,1) der Sehnensatz, die Inhaltsformel und der Sinussatz (§ 14).

Anmerkung 1. Zur Berechnung von $\sin\alpha$ sind die Halbierungssätze entbehrlich; man kann $2(1 + \cos\alpha)$, $2(1 - \cos\alpha)$ an Stelle von $4bc\cos^2\frac{1}{2}\alpha$, $4bc\sin^2\frac{1}{2}\alpha$ schreiben und erhält dann $\sin\alpha$ statt als $2\sin\frac{1}{2}\alpha\cos\frac{1}{2}\alpha$ als $\sqrt{(1+\cos\alpha)(1-\cos\alpha)}$. Dieselbe Rechnung tritt bereits in der Elementargeometrie bei der Ableitung der Inhaltsformel § 3, (IV) auf.

Anmerkung 2. Durch Umkehrung der Rechnung gelangt man von jeder der Formeln (I) zum Kosinussatz zurück, vermittels § 24 (XXII, 4) auch von der Tangentenformel; die Inhaltsformel führt dagegen nur zu $(a^2 - b^2 - c^2)^2 = 4b^2c^2\cos^2\alpha$. In der Tat ist α als konkaver Winkel durch jeden der Werte $\cos\alpha$, $\cos\frac{1}{2}\alpha$, $\sin\frac{1}{2}\alpha$, $\operatorname{tg}\frac{1}{2}\alpha$ eindeutig, durch $\sin\alpha$ dagegen zweideutig bestimmt (§ 10, c).

b) Der Winkelsummensatz.

Aus (I) erhalten wir folgende vier Formeln:

$$\text{(II)}\begin{cases} c\cos\frac{1}{2}\alpha\cos\frac{1}{2}\beta = s\sin\frac{1}{2}\gamma, & c\sin\frac{1}{2}\alpha\cos\frac{1}{2}\beta = s_b\cos\frac{1}{2}\gamma, \\ c\sin\frac{1}{2}\alpha\sin\frac{1}{2}\beta = s_c\sin\frac{1}{2}\gamma, & c\cos\frac{1}{2}\alpha\sin\frac{1}{2}\beta = s_a\cos\frac{1}{2}\gamma; \end{cases}$$

beispielsweise wird:

$$\cos\tfrac{1}{2}\alpha\cos\tfrac{1}{2}\beta = \sqrt{\frac{s s_a}{bc}\cdot\frac{s s_b}{ac}} = \frac{s}{c}\sqrt{\frac{s_a s_b}{ab}} = \frac{s}{c}\cdot\sin\tfrac{1}{2}\gamma.$$

Nach den Additionstheoremen (I, 1, 3) folgt aus (II), weil $s - s_c = s_a + s_b = c$ ist:

(III) $\cos(\frac{1}{2}\alpha + \frac{1}{2}\beta) = \sin\frac{1}{2}\gamma, \quad \sin(\frac{1}{2}\alpha + \frac{1}{2}\beta) = \cos\frac{1}{2}\gamma,$

also $\quad \frac{1}{2}\alpha + \frac{1}{2}\beta = 90^0 - \frac{1}{2}\gamma, \quad \alpha + \beta + \gamma = 180^0.$

c) Die Formeln von Mollweide und Napier.

folgen ebenso aus (II) mittels der Additionstheoreme (I, 2, 4), wenn man beachtet, daß $s + s_c = a + b$, $s_b - s_a = a - b$ ist. Einen zweiten Weg zu ihrer Herleitung bietet der Sehnensatz mittels der Formeln § 22, (XII). Es wird:

$$\text{(IV)} \qquad a \pm b = 2r(\sin\alpha \pm \sin\beta) = 4r \sin\tfrac{1}{2}(\alpha \pm \beta)\cos\tfrac{1}{2}(\alpha \mp \beta),$$

$$\text{(V)} \qquad c = 2r\sin\gamma = 4r\sin\tfrac{1}{2}\gamma\cos\tfrac{1}{2}\gamma,$$

und unter Beachtung von (III) ergeben sich durch Division die genannten Formeln. Vergl. auch § 23, (XVII).

d) Weiteres Formelmaterial. Übungen.

Ersetzt man in (II) c nach (V), so folgt:

$$\text{(VI)} \qquad \begin{aligned} s &= 4r\cos\tfrac{1}{2}\alpha\cos\tfrac{1}{2}\beta\cos\tfrac{1}{2}\gamma, \\ s_a &= 4r\cos\tfrac{1}{2}\alpha\sin\tfrac{1}{2}\beta\sin\tfrac{1}{2}\gamma, \end{aligned}$$

und hieraus mit $\operatorname{tg}\tfrac{1}{2}\alpha = \varrho : s_a = \varrho_a : s$:

$$\text{(VII)} \qquad \begin{aligned} \varrho &= 4r\sin\tfrac{1}{2}\alpha\sin\tfrac{1}{2}\beta\sin\tfrac{1}{2}\gamma, \\ \varrho_a &= 4r\sin\tfrac{1}{2}\alpha\cos\tfrac{1}{2}\beta\cos\tfrac{1}{2}\gamma. \end{aligned}$$

Zur Übung möge (VI) auch aus (III, IV, V) hergeleitet werden, ferner (VII) aus (VI) mit $F = \varrho s = \varrho_a s_a$. Aus dem Winkelsummensatz beweise man folgende drei Formeln:

$$\text{(VIII)} \qquad \operatorname{tg}\tfrac{1}{2}\alpha\operatorname{tg}\tfrac{1}{2}\beta + \operatorname{tg}\tfrac{1}{2}\beta\operatorname{tg}\tfrac{1}{2}\gamma + \operatorname{tg}\tfrac{1}{2}\gamma\operatorname{tg}\tfrac{1}{2}\alpha = 1,$$

$$\text{(IX)} \qquad \operatorname{tg}\alpha + \operatorname{tg}\beta + \operatorname{tg}\gamma = \operatorname{tg}\alpha\operatorname{tg}\beta\operatorname{tg}\gamma,$$

$$\text{(X)} \qquad 2\cos\alpha\cos\beta\cos\gamma + \cos^2\alpha + \cos^2\beta + \cos^2\gamma = 1,$$

und untersuche, ob und unter welchen besonderen Annahmen über die Quadranten, denen α, β, γ angehören, sich umgekehrt der Winkelsummensatz aus ihnen ableiten läßt. Man leite (VIII) aus den Tangentenformeln, (X) aus dem Kosinussatz — oder durch Elimination von a, b, c aus den drei Kosinusformeln (§ 16, c) — (IX) aus dem Kosinussatz und dem Sehnensatz ab.

§ 27. Rationale Dreiecke.

Ein Dreieck heißt „rational“, wenn die Maßzahlen a, b, c, F der Seiten und des Inhalts rationale, bei passender Wahl des Maßstabs also ganze Zahlen sind. Es sind dann auch s, s_a, s_b, s_c, $\varrho = F : s$ und endlich $\operatorname{tg} \frac{1}{2}\alpha = \varrho : s_a$, $\operatorname{tg} \frac{1}{2}\beta$ und $\operatorname{tg} \frac{1}{2}\gamma$ rationale Zahlen.

Haben umgekehrt $\operatorname{tg} \frac{1}{2}\alpha$, $\operatorname{tg} \frac{1}{2}\beta$, $\operatorname{tg} \frac{1}{2}\gamma$ rationale Werte, so gilt gleiches von $\sin\alpha$, $\sin\beta$, $\sin\gamma$ nach § 24 (XXII, 3), also, wenn wir $2r$ rational wählen, auch von $a = 2r \sin\alpha$, b, c und $F = \frac{1}{2} ab \sin\gamma$. Wir erhalten also alle rationalen Dreiecke dadurch, daß wir den Tangenten der halben Winkel rationale Werte t_1, t_2, t_3 beilegen.

Es ist noch zu beachten, daß diese Werte nicht unabhängig sind, vielmehr der Gleichung (VIII), § 26 genügen müssen. Diese ergibt aber für t_2, wenn wir t_1 und t_3 rational wählen, den ebenfalls rationalen Wert $t_2 = (1 - t_1 t_3) : (t_1 + t_3)$. Ferner müssen t_1, t_2, t_3 positiv sein, weil die halben Winkel spitz sind; es muß daher $t_1 t_3$ (und entsprechend auch $t_1 t_2$, $t_2 t_3$) kleiner als 1 sein, weil sonst t_2 negativ oder null würde.

Wählen wir insbesondere $t_3 = 1$, also $\gamma = 90^\circ$ ($\operatorname{tg} 45^\circ = 1$), so erhalten wir die sogenannten pythagoreischen, d. h. rechtwinkligen rationalen Dreiecke und können hier die Maßzahlen der Seiten leicht allgemein angeben, weil $a : b : c = \sin\alpha : \cos\alpha : 1$ wird. Ist $t_1 = v : u$, worin u, v ganze (am bequemsten teilerfremde) Zahlen sind, so ergibt sich aus § 24 (XXII, 3, 4): $\sin\alpha = 2uv : (u^2 + v^2)$, $\cos\alpha = (u^2 - v^2) : (u^2 + v^2)$, so daß wir setzen können:

$$a = 2uv, \quad b = u^2 - v^2, \quad c = u^2 + v^2.$$

Beispiele. Für $u = 2$, $v = 1$ erhalten wir das bekannte einfachste und älteste pythagoreische Dreieck $a = 4$, $b = 3$, $c = 5$; für $u = 3$, $v = 1$ ergibt sich wesentlich dasselbe ($a = 6$, $b = 8$, $c = 10$) weil $1 : 3$ die zu $t_1 = 1 : 2$ und $t_3 = 1$ gehörige Zahl t_2 ist; für $u = 3$, $v = 2$ wird $a = 12$, $b = 5$, $c = 13$. — Um auch ein schiefwinkliges rationales Dreieck zu bilden, wählen wir $t_1 = 1 : 2$, $t_3 = 2 : 3$ und erhalten $t_2 = 4 : 7$, daraus $\sin\alpha = 4 : 5$, $\sin\beta = 4 \cdot 14 : 65$, $\sin\gamma = 12 : 13$, also endlich $a : b : c = \sin\alpha : \sin\beta : \sin\gamma = 13 : 14 : 15$, das berühmte Beispiel des Heron von Alexandria, nach dem alle schiefwinkligen rationalen Dreiecke heronische genannt werden.

Anmerkung. Wir haben hier mit trigonometrischen Mitteln zahlentheoretische Aufgaben gelöst, wie diejenige, alle „pythagoreischen" Zahlen, d. h. alle ganzzahligen Lösungen der Gleichung $a^2 + b^2 = c^2$ zu finden. Der entsprechende, aus § 24

(XXII) direkt abzulesende trigonometrische Satz sei noch für sich ausgesprochen: Die beiden Zahlen $\sin\alpha$, $\cos\alpha$ sind dann und nur dann rational, wenn $\operatorname{tg}\frac{1}{2}\alpha$ rational ist.

§ 28. Polygonzüge.

a) Phasen und Vektoren.

Aus einem gewöhnlichen Winkel entsteht durch Beilegung eines Drehungssinnes[1]) eine Phase; sie gibt die Drehung an, welche den ersten Schenkel in den zweiten überführt, und kann, weil nur zwei Drehungssinne, links- und rechtsherum, existieren, durch ihren Absolutbetrag und ein Vorzeichen gekennzeichnet werden.

Aus einer gewöhnlichen Strecke entsteht durch Beilegung eines Richtungssinnes[1]) eine „gerichtete Strecke". Kommen, wie bei Abszissen und Ordinaten, nur die beiden Richtungen einer Skala in Frage, so heißt die gerichtete Strecke ein „Skalar" und ist durch ihren Absolutbetrag und ein Vorzeichen gekennzeichnet. Gerichtete Strecken von beliebiger Richtung dagegen heißen „Vektoren"; an Stelle des Vorzeichens tritt hier die „Phase" α des Vektors, um die man die positive Abszissenrichtung drehen muß, damit sie in die Richtung des Vektors übergeht.

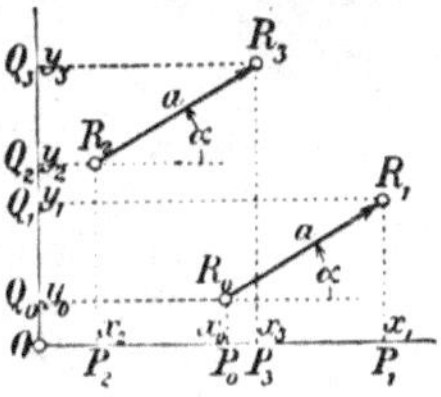

Fig. 24.

Der Vektor R_0R_1 gibt diejenige Verschiebung an, durch welche sein Anfangspunkt R_0 in den Endpunkt R_1 übergeht. Daher heißen zwei Vektoren R_0R_1 und R_2R_3 gleich, wenn ein und dieselbe Verschiebung R_0 nach R_1 und R_2 nach R_3 befördert; sie stimmen alsdann nach Länge und Phase überein; die Punkte R_0, R_1,

[1]) Richtungs- und Drehungssinne bezeichnen wir figürlich durch Pfeile.

R_2, R_3 bilden ein Parallelogramm ($R_0 R_1 \| R_2 R_3$, $R_0 R_2 \| R_1 R_3$) und zwischen ihren kartesischen Koordinaten bestehen die Beziehungen $x_1 - x_0 = x_3 - x_2$, $y_1 - y_0 = y_3 - y_2$, die wir schon in § 21, c benutzt haben. Denkt man sich R_2 als Mittelpunkt des Einheitskreises ($x_2 = 0$, $y_2 = 0$) gewählt, so sind a, α die Polarkoordinaten von R_3; es ist also

$$x_1 - x_0 = a \cos \alpha , \quad y_1 - y_0 = a \sin \alpha ,$$

und diese Größen geben die Verschiebung der Projektionen P_0, Q_0 von R_0 auf den Koordinatenskalen an, wenn R_0 nach R_1 verschoben wird; sie sind zugleich die Projektionen der Verschiebung von R_0.

b) Die Projektionen eines Polygonzuges.

Setzen wir n Vektoren von den Längen a_1 bis a_n und den Phasen α_1 bis α_n aneinander, den Anfangspunkt eines jeden in den Endpunkt des vorangehenden, so entsteht ein „Polygonzug" mit den „Seiten" $R_0 R_1$, $R_1 R_2$, ... $R_{n-1} R_n$ und den „Ecken" R_0, R_1, R_2, ... R_n. Er ist „geschlossen" (d. h. ein Polygon, das freilich überschlagen sein kann), wenn R_n auf R_0 fällt. Seiner Gestalt nach ist der Zug bestimmt durch a_1 bis a_n und $\alpha_2 - \alpha_1$, $\alpha_3 - \alpha_2$, ... $\alpha_n - \alpha_{n-1}$, d. h. diejenigen Phasen, um die jede Seite gegen die vorangehende gedreht ist. Solange nur die Gestalt in Frage steht, kann also α_1 willkürlich, z. B. gleich Null, gewählt werden.

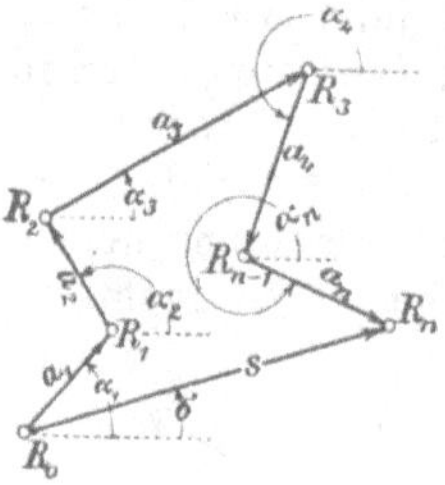

Fig. 25.

Drehen wir die Abszissenskala um eine Phase φ, so bilden gegen diese ihre neue Lage die Seiten des Zuges die Phasen $\alpha_1 - \varphi$, $\alpha_2 - \varphi$ usw., so daß $x_1 - x_0 = a_1 \cos(\alpha_1 - \varphi)$ usw. wird. Die Summe

$$\text{(XI, 1)}\left\{\begin{array}{c} a_1\cos(\alpha_1-\varphi)+a_2\cos(\alpha_2-\varphi)+\cdots \\ +a_n\cos(\alpha_n-\varphi)=c \end{array}\right.$$

hat den Wert $(x_1-x_0)+(x_2-x_1)+\cdots+(x_n-x_{n-1})=x_n-x_0$, ist also gleich der Projektion der „Schlußlinie" R_0R_n des Zuges. Nennen wir daher deren Länge s, ihre Phase gegen die ursprüngliche Lage der Abszissenskala σ, so ist $\sigma-\varphi$ ihre Phase gegen die neue Lage, also:

$$\text{(XI, 2)} \qquad c=s\cos(\sigma-\varphi).$$

Man kann demnach jeden n-gliedrigen Ausdruck c von der Gestalt (XI, 1) in einen eingliedrigen (XI, 2) verwandeln.

Diese Behauptung gilt auch dann, wenn in beliebigen Gliedern $a\cos(\alpha-\varphi)$ andere Vorzeichen oder sin statt cos steht; denn man kann $-a\cos(\alpha-\varphi)$, $a\cos(\alpha+\varphi)$ und $a\sin(\alpha-\varphi)$ durch $a\cos(\alpha'-\varphi)$ ersetzen, worin α' gleich $180^0+\alpha$, $-\alpha$ oder $\alpha-90^0$ zu nehmen ist. Ersetzt man insbesondere in (XI, 1, 2) φ durch $90^0+\varphi$, so erhält man

$$\text{(XI, 3)}\left\{\begin{array}{c} a_1\sin(\alpha_1-\varphi)+a_2\sin(\alpha_2-\varphi)+\cdots \\ +a_n\sin(\alpha_n-\varphi)=s\sin(\sigma-\varphi), \end{array}\right.$$

eine Gleichung, die der Projektion auf die um die Phase φ gedrehte Ordinatenskala entspricht.

Anmerkung 1. Zuweilen ist es bequemer, die Skalen festgehalten und den Polygonzug um eine Phase φ gedreht zu denken; dann tritt $+\varphi$ an Stelle von $-\varphi$ in (XI, 1, 2, 3).

c) Die Berechnung der Schlußlinie,

auf der die Umformung von (XI, 1) in (XI, 2) beruht, gelingt zuweilen an der Hand einfacher geometrischer Überlegungen, wofür außer dem hübschen Beispiel § 29, a der dritte Beweis der Additionstheoreme, § 21, c, einen Beleg bietet. Er beruht auf der Drehung und Projektion des

Polygonzuges OPR, dessen Schlußlinie OR nach Länge und Phase bekannt ist. Im allgemeinen verwendet man umgekehrt die Additionstheoreme, um die Umformung von (XI, 1) in (XI, 2) rein rechnerisch auszuführen. Entwickelt man die Kosinus in (XI, 1) nach § 20, (I, 4), so wird, wenn wir abkürzend setzen:

$$\text{(XI, 4)} \begin{cases} p = a_1 \cos\alpha_1 + a_2 \cos\alpha_2 + \cdots + a_n \cos\alpha_n, \\ q = a_1 \sin\alpha_1 + a_2 \sin\alpha_2 + \cdots + a_n \sin\alpha_n: \end{cases}$$

$$\text{(XI, 5)} \qquad \boldsymbol{c = p\cos\varphi + q\sin\varphi}.$$

Setzen wir darin wieder

$$\text{(XI, 6)} \qquad p = s\cos\sigma, \quad q = s\sin\sigma,$$

so wird $c = s(\cos\sigma\cos\varphi + \sin\sigma\sin\varphi)$ und geht nach § 20, (I, 4) in (XI, 2) über. Insbesondere erhalten wir zur Berechnung von φ aus gegebenem c, d. h. zur Auflösung der Gleichung (XI, 1) nach φ, aus (XI, 2, 6) folgenden Rechenplan, in dem $\varphi - \sigma = \varphi'$ gesetzt und s eliminiert ist:

$$\text{(XI, 7)} \begin{cases} \boldsymbol{\varphi = \sigma + \varphi', \ \operatorname{tg}\sigma = q:p,} \\ \boldsymbol{\cos\varphi' = c\cos\sigma : p = c\sin\sigma : q.} \end{cases}$$

Anmerkung 2. Diese Rechnungen erfahren nur unwesentliche Abänderungen, wenn in (XI, 1) andere Vorzeichen oder statt einiger Kosinus die Sinus stehen. Die oben für diesen Fall angegebenen Umformungen sind daher praktisch entbehrlich.

Anmerkung 3. Wenn p, q oder c Null ist, so ist durch (XI, 5) $\sin\varphi$, $\cos\varphi$ oder $\operatorname{tg}\varphi$ unmittelbar gegeben, und die weitere Umformung, daher auch die Diskussion des Ansatzes (XI, 7) für diese Sonderfälle (insbesondere $p = 0$, „$\operatorname{tg}\sigma = \infty$") erübrigt sich.

Anmerkung 4. Aus (XI, 2) ist (ebenso unmittelbar wie geometrisch) zu sehen, daß c stets zwischen $+s$ und $-s$ liegt, daß es diese Werte selbst (Maximum und Minimum) nur für $\varphi = \sigma$ bzw. $\varphi = 180^0 + \sigma$ und dazu kongruente Phasen, jeden Zwischenwert aber für zwei inkongruente Phasen, $\sigma + \varphi'$ und $\sigma - \varphi'$, annimmt. Ist $s = 0$, so ist $c = 0$ für jedes φ, speziell $p = q = 0$, und der Polygonzug ist geschlossen.

Anmerkung 5. Führt man eine der Größen $\cos\varphi$, $\sin\varphi$, $\operatorname{tg}\varphi$ oder $\operatorname{tg}\frac{1}{2}\varphi$ als Unbekannte in (XI, 5) ein, indem man $\sin\varphi$ und $\cos\varphi$ durch sie ausdrückt, so erhält man eine quadratische Gleichung. Es sei als Übung empfohlen, die Lösbarkeitsbedingungen sowie die Lösungen dieser quadratischen Gleichungen mit den hier trigonometrisch dargestellten kontrollierend zu vergleichen.

Anmerkung 6. Die Gleichungen (XI, 4, 6) folgen unmittelbar aus (XI, 1, 2, 3), indem man $\varphi = 0^0$ setzt. Daraus ergibt sich 1. ihre geometrische Bedeutung, 2. die Entbehrlichkeit der Additionstheoreme zu ihrer Herleitung, 3. der Satz: Kennt man die zu $\varphi = 0^0$ und $\varphi = 90^0$ gehörigen Werte p und q von c, so ist der Wert c für beliebiges φ eindeutig bestimmt. Hiermit folgt auch (XI, 5) ohne Hilfe der Additionstheoreme; denn $p\cos\varphi + q\sin\varphi$ nimmt für $\varphi = 0^0$ und $\varphi = 90^0$ dieselben Werte p, q wie c an, ist also für jedes φ gleich c.

Man beweise zur Übung den allgemeinen Satz: Stimmen $a_1\cos(\alpha_1 - \varphi) + \cdots + a_n\cos(\alpha_n - \varphi)$ und $b_1\cos(\beta_1 - \varphi) + \cdots + b_m\cos(\beta_m - \varphi)$ für zwei Phasen φ_0 und φ_1 überein, deren Differenz kein Vielfaches von 180^0 ist, so stimmen sie für jedes φ überein, gehören also zu Polygonzügen mit „gleichen" Schlußlinien.

§ 29. Anwendungen.

a) Reguläre Polygonzüge,

insbesondere reguläre Polygone, bestehen aus gleichlangen Seiten, deren jede gegen die vorhergehende um dieselbe Phase α gedreht ist. Es wird also $a_1 = a_2 = \cdots = a_n = a$, $\alpha_1 = 0$, $\alpha_2 = \alpha$, $\alpha_3 = 2\alpha$, $\ldots$, $\alpha_n = (n-1)\alpha$, und die Ecken R_0, R_1 usw. liegen auf einem Kreise; M sei sein Mittelpunkt, r sein Halbmesser. Dann ist

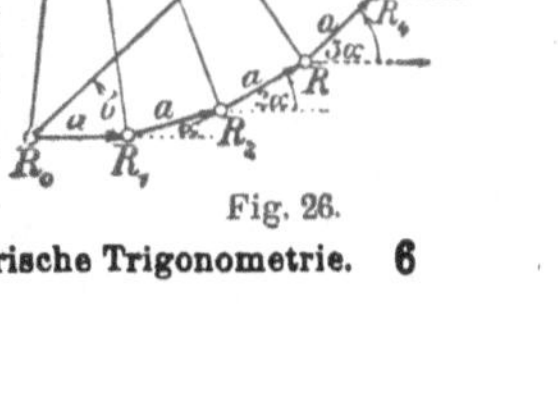

Fig. 26.

$\sphericalangle R_0MR_1 = \alpha$, $\sphericalangle R_0MR_n = n\alpha$, $\sphericalangle R_1MR_n = (n-1)\alpha$,
daher als Peripheriewinkel über R_1R_n:

$$\sigma = \tfrac{1}{2}(n-1)\alpha,$$

und nach dem Sehnensatz (§ 7c):

$$a = 2r\sin\tfrac{1}{2}\alpha, \quad s = 2r\sin\tfrac{1}{2}n\alpha.$$

Führen wir diese Werte in (XI, 1, 2, 3), indem wir noch $-\varphi$ durch φ ersetzen und durch a dividieren, so entstehen folgende Summenformeln für die Sinus und Kosinus von Winkeln, die eine arithmetische Reihe bilden:

$$\cos\varphi + \cos(\varphi+\alpha) + \cos(\varphi+2\alpha) + \cdots + \cos[\varphi+(n-1)\alpha]$$
$$\text{(XII, 1)} \qquad = \cos[\varphi + \tfrac{1}{2}(n-1)\alpha]\sin\tfrac{1}{2}n\alpha : \sin\tfrac{1}{2}\alpha$$
$$\sin\varphi + \sin(\varphi+\alpha) + \sin(\varphi+2\alpha) + \cdots + \sin[\varphi+(n-1)\alpha]$$
$$\text{(XII, 2)} \qquad = \sin[\varphi + \tfrac{1}{2}(n-1)\alpha]\sin\tfrac{1}{2}n\alpha : \sin\tfrac{1}{2}\alpha.$$

Anmerkung 1. Rechnerische Herleitung: Man ersetze in § 22, (XI, 2) μ durch $\frac{1}{2}\alpha$, λ der Reihe nach durch φ, $\varphi+\alpha$ bis $\varphi+(n-1)\alpha$, addiere diese n Gleichungen seitenweise, forme die linke Seite nach § 22, (XII, 2) wieder um und dividiere durch $2\sin\frac{1}{2}\alpha$, so entsteht (XII, 1), ebenso (XII, 2) aus § 22 (XI, 4). Geometrisch entspricht diesem Verfahren die Betrachtung des Polygonzuges $R_0MR_1MR_2\cdots MR_n$. (Inwiefern ?)

Anmerkung 2. Der reguläre Zug schließt sich, wenn $n\alpha$ ein Vielfaches von 360° wird; (geometrisch oder aus $s=0$ abzuleiten). Für $n=3$ beispielsweise entsteht die Identität:

$$\sin\varphi + \sin(\varphi+120^0) + \sin(\varphi+240^0) = 0,$$

die für die Elektrotechnik von Bedeutung ist (Dreiphasenstrom). Was ergibt sich für $n=4$?

b) Polygonzüge mit zwei Seiten.

Wählen wir $n=2$ und schreiben a, b, α, β an Stelle von a_1, a_2, $\alpha_1-\varphi$, $\alpha_2-\varphi$, so lautet (XI, 1):

$$\text{(XIII, 1)} \qquad a\cos\alpha + b\cos\beta = c;$$

hierin ist $\alpha - \beta$ als Winkel der Seiten bekannt und soll 2μ heißen.

Ist der Polygonzug rechtwinklig, $2\mu = \pm 90^0$, so ist $\cos\beta = \pm \sin\alpha$ und (XIII, 1) von (XI, 5) nur in der Bezeichnung verschieden:

(XIV) $$a\cos\alpha \pm b\sin\alpha = c.$$

Die Lösung erfolgt daher mittels des Ansatzes $a = s\cos\sigma$, $b = s\sin\sigma$ nach (XI, 7). Umgekehrt entspricht jede solche Gleichung (XIV) einem Rechtwinkelzug.

Ist der Polygonzug schiefwinklig, so erhalten wir durch den Ansatz

(XIII, 2) $$\alpha = \lambda + \mu, \quad \beta = \lambda - \mu, \quad \lambda = \tfrac{1}{2}(\alpha + \beta),$$

aus (XIII, 1) die einem Rechtwinkelzug entsprechende Gleichung für λ:

(XIII, 3) $$[(a + b)\cos\mu]\cos\lambda - [(a - b)\sin\mu]\sin\lambda = c,$$

die wie (XIV) zu lösen ist. Sie gestattet auch umgekehrt, μ zu finden, wenn λ gegeben ist; wenn in (XIII, 1) ein oder zwei Sinus stehen, führt der Ansatz (XIII, 2) ebenso zum Ziele. Als Beispiel betrachten wir die häufig vorkommende Aufgabe:

(XV,1) Gegeben $\alpha + \beta = 2\lambda$ (oder $\alpha - \beta = 2\mu$) und $\sin\beta : \sin\alpha = t$; gesucht α, β.

Vorerst bemerken wir, indem wir uns der Einfachheit halber auf positive konkave Winkel, also auch positives t beschränken, daß λ nicht 90^0 sein darf. Denn dann werden α und β supplementär, also $\sin\alpha = \sin\beta$, so daß $\sin\beta : \sin\alpha$ bereits bekannt ist. Die Vorschrift $t = 1$ würde danach nichts Neues und jede andere etwas der Vorschrift $\alpha + \beta = 180^0$ Widersprechendes besagen. Ebenso darf, wenn μ gegeben ist, nicht $\mu = 0^0$ sein. — Nunmehr führen wir (XIII, 2) in die Gleichung $t\sin\alpha - \sin\beta = 0$ ein und erhalten $(1+t)\cos\lambda\sin\mu-(1-t)\sin\lambda\cos\mu=0$. Weil die rechte Seite Null ist, kann die Berechnung von σ unterbleiben (§ 28, Anmerkung 3); durch Division folgt sogleich, da $\cos\lambda$ nicht Null ist:

$$\text{(XV, 2)} \qquad \operatorname{tg}\mu:\operatorname{tg}\lambda=(1-t):(1+t).$$

Dasselbe ergibt sich unmittelbar nach § 23, (XVII). Außerdem kennen wir die Aufgabe bereits aus § 19. Sind nämlich in einem Dreieck a, b und γ gegeben, so kennt man $\alpha+\beta=180^0-\gamma$ und $\sin\alpha:\sin\beta=a:b$; der Tangentensatz entspricht genau der Lösung (XV, 2).

Anmerkung 3. Der allgemeine Ansatz des § 28c ergibt für $p=a_1\cos\alpha_1+a_2\cos\alpha_2$, $q=a_1\sin\alpha_1+a_2\sin\alpha_2$ nur dann logarithmisch bequeme Ausdrücke, wenn (abgesehen vom Falle $\alpha_1=0^0$, $\alpha_2=90^0$) $\alpha_1=-\alpha_2$, also $p=(a_1+a_2)\cos\alpha_1$, $q=(a_1-a_2)\sin\alpha_1$ ist. Das ist aber genau die durch (XIII, 2) bewirkte Lösung, bis auf eine Vorzeichenabweichung nebensächlicher Art. Welche geometrische Deutung entspricht ihr?

c) Die reinquadratische Gleichung zwischen $\sin\varphi$ und $\cos\varphi$:

$$\text{(XVI, 1)} \qquad a\cos^2\varphi+2b\cos\varphi\sin\varphi+c\sin^2\varphi=d$$

geht für $\varphi=\frac{1}{2}\alpha$ nach § 24 (XXI, 1, 2, 3) über in:

$$\text{(XVI, 2)} \qquad (a-c)\cos\alpha+2b\sin\alpha=2d-a-c;$$

diese Gleichung stellt die Projektion eines Rechtwinkelzuges dar und wird daher nach φ aufgelöst durch den Ansatz:

$$\text{(XVI, 3)} \qquad \varphi=\tfrac{1}{2}\alpha,\ \alpha=\sigma+\alpha',\ \operatorname{tg}\sigma=2b:(a-c),$$

$$\cos\alpha'=\frac{2d-a-c}{a-c}\cos\sigma=\frac{2d-a-c}{2b}\sin\sigma.$$

Hierher gehört die Gleichung ersten Grades zwischen $\operatorname{tg}\varphi$ und $\cot\varphi$:

$$\text{(XVII, 1)} \qquad m\operatorname{tg}\varphi+n\cot\varphi=l,$$

die nach Multiplikation mit $\sin\varphi\cos\varphi$ lautet·

$$n\cos^2\varphi - l\sin\varphi\cos\varphi + m\sin^2\varphi = 0$$

und nach (XVI) oder § 24, (XXII, 1, 2) umgeformt:

$$(m-n)\cos\alpha + l\sin\alpha = m+n, \quad (\alpha = 2\varphi)$$

mit dem Lösungsplan

$$\text{(XVII, 2)} \quad \varphi = \tfrac{1}{2}\alpha, \; \alpha = \sigma + \alpha', \; \operatorname{tg}\sigma = l:(m-n),$$

$$\cos\alpha' = \frac{m+n}{m-n}\cos\sigma = \frac{m+n}{l}\sin\sigma.$$

Die allgemeine Gleichung

$$\text{(XVIII)} \quad a_1\cos(\alpha_1 \pm \varphi)\cos(\beta_1 \pm \varphi) + a_2\cos(\alpha_2 \pm \varphi)\cos(\beta_2 \pm \varphi) + \cdots = 0$$

geht nach Entwickelung der Kosinus (an deren Stelle auch Sinus stehen dürfen) in eine Gleichung der Form (XVI, 1) über. Einfacher ist es jedoch, die Kosinusprodukte nach § 22, (XI) in Summen zu verwandeln; dadurch entsteht eine Gleichung von der Form (XI, 1), § 28 für 2φ. Häufig tritt der Fall ein, daß alle Winkel $\alpha_k \pm \varphi$, $\beta_k \pm \varphi$ mit zweien von ihnen verwandt sind; nennen wir diese λ und μ, so ist von den beiden Winkeln $\lambda + \mu = \alpha$, $\lambda - \mu = \beta$ der eine bekannt, und der andere wird zweckmäßig als Unbekannte benutzt.

Beispiele. λ, μ zu bestimmen aus einem der Winkel

$$\alpha = \lambda + \mu, \quad \beta = \lambda - \mu$$

und einer der folgenden fünf Gleichungen:

$$\text{(XIX, 1)} \quad \sin\lambda\sin\mu = a, \quad \sin\lambda\cos\mu = b, \quad \cos\lambda\cos\mu = c,$$

$$\text{(XX, 1)} \quad m\sin^2\lambda + n\sin^2\mu = l,$$

$$\text{(XXI, 1)} \quad p\operatorname{tg}\lambda\operatorname{tg}\mu + q\operatorname{tg}\lambda + r\operatorname{tg}\mu + s = 0.$$

Die Lösungen ergeben sich aus folgenden Umformungen:

$$\text{(XIX, 2)} \quad \cos\beta - \cos\alpha = 2a, \quad \sin\alpha + \sin\beta = 2b, \quad \cos\alpha + \cos\beta = 2c.$$

$$(\mathrm{XX},2)\begin{cases} m\cos 2\lambda + n\cos 2\mu = m\cos(\alpha+\beta) + n\cos(\alpha-\beta) = \\ (m+n)\cos\alpha\cos\beta + (n-m)\sin\alpha\sin\beta = m+n-2l. \end{cases}$$

$$(\mathrm{XXI},2)\begin{cases} p\sin\lambda\sin\mu + q\sin\lambda\cos\mu + r\cos\lambda\sin\mu + s\cos\lambda\cos\mu = 0, \\ (p+s)\cos\beta + (q-r)\sin\beta = (p-s)\cos\alpha - (q+r)\sin\alpha. \end{cases}$$

Aus (XIX, 2) ergibt sich der unbekannte Winkel sofort, aus (XX, 2), (XXI, 2) nach § 29, (XIV). Zu (XXI) gehören die besonders einfachen Fälle $q=r=0$ und $p=s=0$, in denen $\operatorname{tg}\lambda\operatorname{tg}\mu$ oder $\operatorname{tg}\mu:\operatorname{tg}\lambda$ gegeben ist und die Lösung bereits aus (XXI, 2) oder unmittelbar aus den Formeln § 23, (XV, 2, 4), entnommen werden kann.

Aus (XX) ergibt sich für $m+n=0$ noch die bemerkenswerte Formel: $\sin^2\lambda - \sin^2\mu = \sin(\lambda-\mu)\sin(\lambda+\mu)$ oder:

(XXII) $(\sin\lambda - \sin\mu)(\sin\lambda + \sin\mu) = \sin(\lambda-\mu)\sin(\lambda+\mu)$,

ein Spezialfall des Ptolemäischen Satzes.

Anmerkung 4. Die zu (XVI, 2) gehörige Schlußlinie hat die Länge $s=\sqrt{(a-c)^2+4b^2}$; sie ist nur Null, wenn $a=c$ und $b=0$, also die linke Seite in (XVI, 1) identisch gleich a ist. Sehen wir von diesem Trivialfalle ab, so hat nach § 24, d und § 28, Anmerkung 4 die Gleichung (XVI, 1): 1) zwei inkongruente Lösungen, nämlich $\varphi_0=\frac{1}{2}\sigma$ und $\varphi_2=180^0+\varphi_0$ bzw. $\varphi_1=90^0+\varphi_0$ und $\varphi_3=270^0+\varphi_0$, wenn d gleich dem Maximum $d_0=\frac{1}{2}(a+c+s)$ bzw. gleich dem Minimum $d_1=\frac{1}{2}(a+c-s)$ ist, dessen die linke Seite von (XVI, 1) fähig ist; 2) vier inkongruente, zu $\varphi_0, \varphi_1, \varphi_2, \varphi_3$ symmetrisch gelegene Lösungen $\varphi_0\pm\frac{1}{2}\alpha'$ und $180^0+\varphi_0\pm\frac{1}{2}\alpha'$, wenn $d_1<d<d_0$ ist; 3) keine Lösung, wenn $d<d_1$ oder $d>d_0$ ist.

Weil der allgemeine Ausdruck (XVIII) auf die Form (XVI, 1) gebracht werden kann, liegen auch seine Werte zwischen einem Maximum c_0 und einem Minimum c_1; wird c_0 für eine Phase φ_0 erreicht, so gehört c_0 zu φ_0 und $180^0+\varphi_0$, c_1 zu $90^0+\varphi_0$ und $270^0+\varphi_0$ und jeder zwischen c_0 und c_1 gelegene Wert zu vier Phasen $\varphi_0\pm\varphi'$ und $180^0+\varphi_0\pm\varphi'$.

d) Das Dreieck.

Bezeichnen $a, b, c, \alpha, \beta, \gamma$ die Stücke eines Dreiecks, so ist nach §§ 14, 16:

$$c = a\cos\beta + b\cos\alpha,$$
$$0 = a\sin\beta - b\sin\alpha.$$

Multiplizieren wir die erste Gleichung seitenweise mit $\cos\varphi$, die zweite mit $\sin\varphi$ und addieren, so folgt die für jedes beliebige φ gültige Gleichung:

$$\text{(XXIII)} \quad c\cos\varphi = a\cos(\varphi - \beta) + b\cos(\varphi + \alpha).$$

Fig. 27.

Sie ergibt sich ebenso unmittelbar durch Projektion des geschlossenen Linienzugs ABC auf eine gegen c um φ gedrehte Skala; andererseits geht sie für $\varphi = 90^0$, $90^0 + \beta$, $90^0 - \alpha$ in den Sinussatz, für $\varphi = 0^0$, β, $-\alpha$ in die Kosinusformeln, für $\varphi = -\frac{1}{2}(\alpha - \beta)$, $90^0 - \frac{1}{2}(\alpha - \beta)$ in die Mollweideschen Formeln über, enthält also gewissermaßen „in nuce" den gesamten Formelapparat des Dreiecks.

Sechstes Kapitel.

Das Viereck.

§ 30. Die Teildreiecke.

Die Lehre von der Berechnung der Vielecke, insbesondere der Vierecke, zuweilen „Polygonometrie" bzw. „Tetragonometrie" genannt, ist keine selbständige Wissenschaft über oder neben der Trigonometrie, sondern ein Kapitel aus deren Anwendungen, da man jede geradlinige Figur aus Dreiecken aufbauen kann. Als Beispiele hierfür sollen einige Viereckaufgaben und Vierecksätze betrachtet werden.

a) Bezeichnungen.

Ein Viereck $R_0 R_1 R_2 R_3$ bestimmt vier „Teildreiecke", die wir $\triangle_0$, $\triangle_1$, $\triangle_2$ und $\triangle_3$ nennen; der Index gibt die dem

Teildreieck nicht angehörende „Gegenecke" an, z. B. ist $\triangle_0$ das Dreieck $R_1 R_2 R_3$. Jede der sechs „Strecken" $R_h R_k$ verbindet zwei Ecken und gehört zwei Teildreiecken an; die Verbindung der beiden andern Ecken heißt die „Gegenstrecke" von $R_h R_k$ und gehört den beiden andern Teildreiecken an. Gegenstrecken sind entweder Gegenseiten (a, a' und b, b') oder Diagonalen (c, c') des Vierecks. Die Bezeichnung der sechs Strecken und zwölf Winkel ist aus der Fig. 28 zu ersehen.

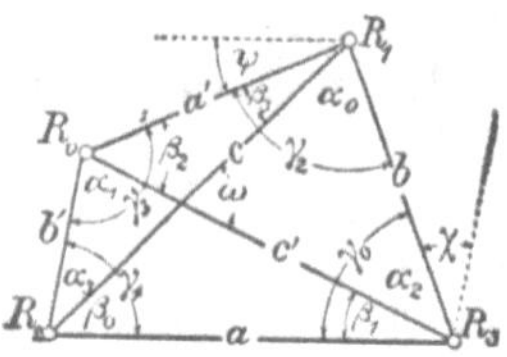

Fig. 28.

Anmerkung 1. Die Seiten von Δ_0 heißen in der Reihenfolge, wie sie zu Δ_1, Δ_2, Δ_3 gehören, a, b und c; ihre Gegenstrecken a', b', c' gehen von R_0 aus. Allgemein gehören irgend drei, die Buchstaben a, b, c tragende Strecken einem Dreieck an oder gehen von einer Ecke aus, je nachdem eine gerade Zahl von ihnen (keiner oder zwei) oder aber eine ungerade (einer oder drei) mit einem Strich $'$ versehen ist. Die Winkel des Dreiecks Δ_k heißen, ihren Gegenseiten entsprechend, α_k, β_k und γ_k. An den vier Ecken treffen folgende Winkel zusammen: $R_0 : \alpha_1, \beta_2, \gamma_3$; $R_1 : \alpha_0, \beta_3, \gamma_2$; $R_2 : \alpha_3, \beta_0, \gamma_1$; $R_3 : \alpha_2, \beta_1, \gamma_0$. Die erste Ecke, R_0, ist leicht zu merken; aus ihr erhält man jede andere, indem man zwei der Indizes 0, 1, 2, 3 und zugleich die beiden andern vertauscht.

Anmerkung 2. Ein überschlagenes Viereck unterscheidet sich von demjenigen der Figur nur dadurch, daß c, c' als Seiten und a, a' oder b, b' als Diagonalen gelten. Ein Viereck mit einer einspringenden Ecke R_3 fügt sich den abzuleitenden Formeln, wenn man unter γ_0 den konvexen Außenwinkel $\beta_1 + \alpha_2$ und unter α_0, β_0 die mit Minuszeichen versehenen Innenwinkel von Δ_0 versteht.

b) Die Zahl der unabhängigen Stücke.

Kennt man die Stücke zweier Teildreiecke, so kennt man in jedem der beiden andern Teildreiecke zwei Seiten und den eingeschlossenen Winkel, kann also die übrigen Stücke des Vierecks berechnen. Bei passender Bezeichnung kennt man nämlich entweder $\triangle_0$ und $\triangle_1$ oder $\triangle_0$ und $\triangle_3$, und im ersten Falle $\triangle_2$ aus b, c', $\alpha_2 = \gamma_0 - \beta_1$, $\triangle_3$ aus b', c, $\alpha_3 = \gamma_1 - \beta_0$, im zweiten $\triangle_1$ aus a, b', $\gamma_1 = \alpha_3 + \beta_0$, $\triangle_2$ aus a', b, $\gamma_2 = \alpha_0 + \beta_3$.

Da zwei Teildreiecke eine ihrer Seiten gemeinsam haben, genügen zur Berechnung des Vierecks durch schrittweise Auflösung der Teildreiecke **fünf** Stücke, nämlich:

drei unabhängige der Stücke	a, b, c;	$\alpha_0, \beta_0, \gamma_0$,
und zwei entweder der Stücke	b', c';	$\alpha_1, \beta_1, \gamma_1$,
oder der Stücke	a', b';	$\alpha_3, \beta_3, \gamma_3$.

Demnach sind irgendwelche **sechs** Stücke des Vierecks abhängig, d. h. durch mindestens eine Gleichung miteinander verbunden; dagegen können **fünf** Stücke, z. B. a, b, c, b', c', unabhängig sein und bestimmen alsdann das Viereck ein- oder mehrdeutig.

Natürlich sind nicht irgendwelche fünf Stücke unabhängig; von den sechs Stücken eines Teildreiecks z. B. höchstens drei. Von den Seitenverhältnissen und Winkeln sind höchstens **vier** unabhängig. Kennt man nämlich die vier unabhängigen Winkel $\beta_0, \gamma_0, \beta_1, \gamma_1$, so kennt man α_0, α_1, $a : b : c$ und $a : b' : c'$, also in $\triangle_2 : \alpha_2 = \gamma_0 - \beta_1$, $b : c' = (b : a)(a : c')$, in $\triangle_3 : \alpha_3 = \gamma_1 - \beta_0$, $b' : c = (b' : a)(a : c)$, und damit $\beta_2, \gamma_2, \beta_3, \gamma_3$ und $a' : b$ usw., d. h. sämtliche Winkel und Seitenverhältnisse.

Anmerkung 3. Die Berechnung des Vierecks aus fünf unabhängigen Stücken ist keineswegs stets durch schrittweise Auflösung der Teildreiecke möglich. Sind beispielsweise drei unabhängige Stücke von $\triangle_0$ und außerdem eines der folgenden Paare gegeben:

(1) c', γ_2, oder a', α_1, oder b', β_2,
(2) α_1, β_2, oder α_3, β_2, oder α_3, γ_2,
(3) α_1, β_2,

so sind in keinem der Dreiecke $\Delta_1, \Delta_2, \Delta_3$ mehr als zwei Stücke bekannt. Die Auflösung in den Fällen 2, 3 wird in § 31, d gegegeben. Fall 1 möge zur Übung zunächst als Konstruktionsaufgabe betrachtet werden; die Konstruktion zeigt zugleich einen, allerdings umständlichen Weg zur Berechnung.

Sind a', b', c' und α_0, β_0 gegeben, so kennt man in **keinem** der vier Teildreiecke mehr als **zwei** unabhängige Stücke.

c) Die Gleichung zwischen den Seiten und Diagonalen.

Die Gleichung zwischen den sechs Stücken a, a', b, b', c, c' ist zwar, da keine Winkelgrößen vorkommen, mit elementaren Mitteln abzuleiten; weil dieser Weg indessen auf sehr umfangreiche Rechnungen führt, nehmen wir die Winkel zu Hilfe und geben dadurch zugleich ein Beispiel für die Anwendung trigonometrischer Methoden auf elementargeometrische Aufgaben.

Aus $\gamma_3 = \alpha_1 + \beta_2$ (Ecke R_0) folgt $\sin\alpha_1 \sin\beta_2 = \cos\alpha_1 \cos\beta_2 - \cos\gamma_3$ (§ 20), und, wenn wir quadrieren, $\sin^2$ durch $1 - \cos^2$ ersetzen und ordnen (vgl. § 26, X):

$$2\cos\alpha_1 \cos\beta_2 \cos\gamma_3 - \cos^2\alpha_1 - \cos^2\beta_2 - \cos^2\gamma_3 + 1 = 0.$$

Berechnen wir die Kosinus aus den Dreiecken $\triangle_1, \triangle_2, \triangle_3$ nach dem Kosinussatz, setzen sie ein und multiplizieren mit dem Hauptnenner $4a'^2b'^2c'^2$, so entsteht nach Klammerauflösung und passender Zusammenfassung die gesuchte Gleichung in folgender Gestalt:

$$\begin{aligned}&(a^2 + a'^2)(- a^2a'^2 + b^2b'^2 + c^2c'^2)\\ &+ (b^2 + b'^2)(+ a^2a'^2 - b^2b'^2 + c^2c'^2)\\ &+ (c^2 + c'^2)(+ a^2a'^2 + b^2b'^2 - c^2c'^2)\\ &= (abc)^2 + (ab'c')^2 + (a'bc')^2 + (a'b'c)^2.\end{aligned}$$

Anmerkung 4. Diese Gleichung ist für das Quadrat jeder der sechs Strecken eine quadratische Gleichung, also mit elementaren Mitteln aufzulösen, trotz ihres Umfanges. Man kann sie noch folgendermaßen schreiben:

$$\begin{bmatrix} (a^2 + a'^2)(-aa' + bb' - cc') \\ +(b^2 + b'^2)(+aa' - bb' - cc') \\ +(c^2 + c'^2)(+aa' + bb' + cc') \end{bmatrix} \cdot (aa' + bb' - cc')$$
$$= [(ab + a'b')c - (ab' + a'b)c']^2 .$$

§ 31. Die Gleichungen zwischen den Winkeln.

Weil höchstens vier von den zwölf Winkeln unabhängig sind, müssen acht unabhängige Gleichungen (von denen keine eine Folge der andern ist) zwischen ihnen bestehen.

a) Die Ecken- und Dreiecks-Winkelsummen.

Die Betrachtung der vier Ecken ergibt vier Gleichungen:

$$\text{(I, 0, 1)} \qquad \alpha_1 + \beta_2 = \gamma_3, \quad \alpha_0 + \beta_3 = \gamma_2,$$
$$\text{(I, 2, 3)} \qquad \alpha_3 + \beta_0 = \gamma_1, \quad \alpha_2 + \beta_1 = \gamma_0.$$

Die Winkelsummen der Teildreiecke ergeben weitere vier:

$$\text{(II, 0, 1)}\ \alpha_0 + \beta_0 + \gamma_0 = 180^0, \ \alpha_1 + \beta_1 + \gamma_1 = 180^0,$$
$$\text{(II, 2, 3)}\ \alpha_2 + \beta_2 + \gamma_2 = 180^0, \ \alpha_3 + \beta_3 + \gamma_3 = 180^0.$$

Aus (I) ergibt sich die Gleichung:

$$\text{(III)} \left\{ \begin{array}{l} +(\alpha_1 + \beta_2 - \gamma_3) - (\alpha_0 + \beta_3 - \gamma_2) \\ -(\alpha_3 + \beta_0 - \gamma_1) + (\alpha_2 + \beta_1 - \gamma_0) = 0, \end{array} \right.$$

und diese hat mit je drei Gleichungen (I) die vierte zur Folge. Nach einfacher Umstellung der Glieder zeigt sie in der Schreibweise:

$$\text{(III')} \left\{ \begin{array}{l} -(\alpha_0 + \beta_0 + \gamma_0) + (\alpha_1 + \beta_1 + \gamma_1) \\ +(\alpha_2 + \beta_2 + \gamma_2) - (\alpha_3 + \beta_3 + \gamma_3) = 0, \end{array} \right.$$

daß sie ebenso aus (II) folgt und mit je drei Gleichungen (II) die vierte zur Folge hat. D e m n a c h h a b e n j e s i e b e n der Gleichungen (I, II) die achte zur Folge, es fehlt also noch eine Gleichung an dem vollständigen System der acht Beziehungen zwischen den Winkeln; aus (I, II) können wir nur zwischen sechs, nicht aber zwischen fünf beliebigen Winkeln eine Gleichung herstellen.

Auch die Betrachtung weiterer Winkelsummen, z. B. derjenigen

(IV) $$\gamma_0 + \gamma_1 + \gamma_2 + \gamma_3 = 360^0$$

des ganzen Vierecks, oder verschiedener Darstellungen der Winkel ψ, χ, ω zwischen a und a', b und b', c und c':

(V, ψ) $$180^0 - \gamma_0 - \gamma_2 = \gamma_1 + \gamma_3 - 180^0 = \beta_0 - \beta_3 = \beta_2 - \beta_1,$$

(V, χ) $$180^0 - \gamma_0 - \gamma_1 = \gamma_2 + \gamma_3 - 180^0 = \alpha_0 - \alpha_3 = \alpha_1 - \alpha_2,$$

(V, ω) $$180^0 - \alpha_0 - \alpha_2 = 180^0 - \alpha_1 - \alpha_3 = \beta_0 + \beta_1 = \beta_2 + \beta_3,$$

liefern nur Gleichungen, die aus (I, II) folgen.

b) Die Sinusgleichungen.

Die Verhältnisse dreier von einer Ecke auslaufender Strecken ergeben bei passender Anordnung das Produkt 1, z. B. $(a' : b')(b' : c')(c' : a') = 1$; je zwei dieser Strecken gehören einem Teildreieck an, so daß ihr Quotient nach dem Sinussatz durch die Winkel dargestellt werden kann, z. B. $a' : b' = \sin\alpha_3 : \sin\beta_3$. Daraus ergeben sich nach Beseitigung der Brüche folgende vier Sinusgleichungen:

(VI, 0) $$\sin\alpha_3 \sin\beta_1 \sin\gamma_2 = \sin\alpha_2 \sin\beta_3 \sin\gamma_1,$$

(VI, 1) $$\sin\alpha_2 \sin\beta_0 \sin\gamma_3 = \sin\alpha_3 \sin\beta_2 \sin\gamma_0,$$

(VI, 2) $$\sin\alpha_1 \sin\beta_3 \sin\gamma_0 = \sin\alpha_0 \sin\beta_1 \sin\gamma_3,$$

(VI, 3) $$\sin\alpha_0 \sin\beta_2 \sin\gamma_1 = \sin\alpha_1 \sin\beta_0 \sin\gamma_2.$$

Seitenweise Multiplikation je zweier von ihnen[1]) ergibt:

(VII, 1) $\sin\beta_0 \sin\beta_1 \sin\gamma_2 \sin\gamma_3 = \sin\beta_2 \sin\beta_3 \sin\gamma_0 \sin\gamma_1$,

(VII, 2) $\sin\gamma_0 \sin\gamma_2 \sin\alpha_3 \sin\alpha_1 = \sin\gamma_3 \sin\gamma_1 \sin\alpha_0 \sin\alpha_2$,

(VII, 3) $\sin\alpha_0 \sin\alpha_3 \sin\beta_1 \sin\beta_2 = \sin\alpha_1 \sin\alpha_2 \sin\beta_0 \sin\beta_3$.

Jede dieser sieben Sinusgleichungen (VI, VII) ergänzt die Gleichungen (I, II) zu dem vollständigen System der acht Beziehungen zwischen den zwölf Winkeln.

c) Das Sehnenviereck.

Tritt zu den Bedingungen (I, II, VI, VII) noch die weitere $\alpha_0 = \alpha_1$, so lassen sich sämtliche Winkel durch nunmehr drei unabhängige, z. B. $\alpha_0 = \alpha$, $\alpha_2 = \alpha'$, $\beta_0 = \beta$, ohne trigonometrische Hilfsmittel ausdrücken. Nach dem Peripheriewinkelsatze liegen nämlich die vier Ecken auf einem Kreise, so daß auch $\beta_0 = \beta_2$ wird. Aus (V, ω) ergibt sich demnach, wenn wir noch β_1 mit β' bezeichnen:

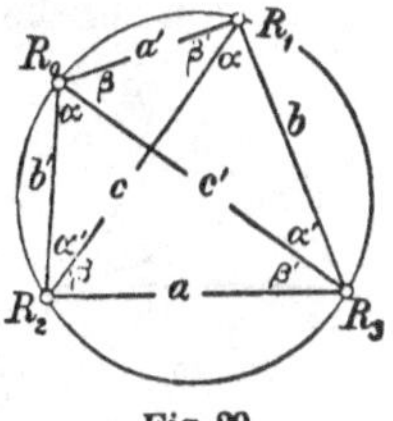

Fig. 29.

$$(\text{VIII}, 1) \begin{cases} \alpha_0 = \alpha_1 = \alpha, \ \alpha_2 = \alpha_3 = \alpha', \\ \beta_0 = \beta_2 = \beta, \ \beta_1 = \beta_3 = \beta'; \end{cases}$$

nach (I) folgt weiter:

$$(\text{VIII}, 2) \begin{cases} \gamma_0 = \alpha' + \beta', \gamma_1 = \alpha' + \beta, \\ \gamma_2 = \alpha + \beta', \gamma_3 = \alpha + \beta, \end{cases}$$

und nach (II, 0) wird β' bestimmt durch die Gleichung:

$$(\text{VIII}, 3) \qquad \alpha + \beta + \alpha' + \beta' = 180^0,$$

[1]) Oder Anwendung derselben Herleitung auf:
$(b : c)(c : b')(b' : c')(c' : b) = 1$ usw.

aus der noch $\gamma_0 + \gamma_3 = \gamma_1 + \gamma_2 = 180^0$ folgt. Hiermit sind nun in der Tat alle Gleichungen (I, II, VI, VII) identisch erfüllt.

Anmerkung 5. An Stelle des Peripheriewinkelsatzes müssen natürlich auch die Gleichungen (I, II, VI, VII) von $\alpha_0 = \alpha_1$ auf $\beta_0 = \beta_2$ zu schließen gestatten, und zwar folgt aus $\alpha_0 = \alpha_1$ nach (V, ω) $\alpha_2 = \alpha_3$, aus (VII, 3) $\sin\beta_1 \sin\beta_2 = \sin\beta_0 \sin\beta_3$, und hieraus mit leichten Umformungen (§§ 22, 23) die Behauptung, wenn man beachtet, daß nach (V, ω) $\beta_2 - \beta_1 = \beta_0 - \beta_3$ ist.

d) Berechnung der Winkel aus vier gegebenen.

Es gibt sieben geometrisch verschiedene Arten, vier unabhängige Winkel auszuwählen; prinzipiell verschieden sind davon nur die folgenden vier Arten:

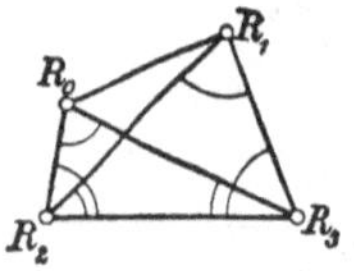

Fig. 80.

1. Aufgabe des Vorwärtseinschneidens[1]): Gegeben $\beta_0, \gamma_0, \beta_1, \gamma_1$.

Man kennt aus (I, 3, 2), (II, 0, 1) α_2, α_3, α_0, α_1 und von je zweien der noch unbekannten Winkel β_2, β_3, γ_2, γ_3 ihre Summe oder die Differenz sowie das Verhältnis ihrer Sinus, so daß die Lösung nach § 29 (XV) erfolgen kann. Beispielsweise kennt man $\beta_2 + \gamma_2 = 180^0 - \alpha_2$ und $\sin\beta_2 : \sin\gamma_2$ aus (VI, 3).

Fig. 81.

Sind gegeben β_0, α_0, β_3, α_3, so kennt man γ_0, γ_1, γ_2, γ_3 und wiederum von je zweien der Winkel α_1, β_2, α_2, β_1 die Summe oder Differenz und den Sinusquotienten, z. B. $\alpha_1 + \beta_1 = 180^0 - \gamma_1$ und $\sin\alpha_1 : \sin\beta_1$ aus (VI, 2).

---

[1]) Auch „Hansensche Aufgabe" genannt, aber schon von Snellius gelöst.

2. Aufgabe des Rückwärtseinschneidens[1]): Gegeben α_0, β_0, α_1, β_2.

Man kennt γ_3 aus (I, 0), γ_0 aus (II, 0), $\alpha_3 - \alpha_2 = \alpha_0 - \alpha_1$ aus (V, ω) und $\sin\alpha_2 : \sin\alpha_3$ aus (VI, 1). Nach § 29, (XV) ist die Lösung unmöglich, wenn $\alpha_0 = \alpha_1$; in der Tat ist dann das Viereck ein Sehnenviereck, es muß also auch $\beta_0 = \beta_2$ sein, so daß nur zwei der gegebenen Winkel unabhängig sind.

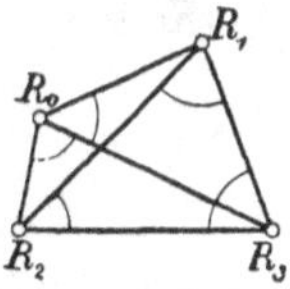

Fig. 32.

3. Gegeben α_0, β_0, α_1, β_3, also auch γ_0 und γ_2.

Man kennt $\gamma_3 - \beta_1 = \alpha_1 + \beta_2 - \beta_1 = \alpha_1 + \beta_0 - \beta_3$ aus (I, 0), (V, ω), und $\sin\beta_1 \sin\gamma_3$ aus (VI, 2).

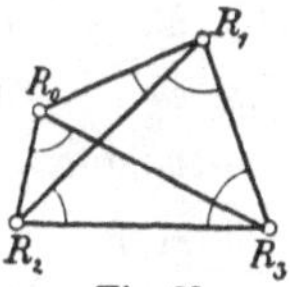

Fig. 33.

Gegeben α_0, β_0, β_1, γ_3, also auch γ_0 und α_2.

Man kennt $\alpha_1 - \beta_3 = \gamma_3 - \beta_2 - \beta_3 = \gamma_3 - \beta_0 - \beta_1$ aus (I, 0), (V, ω), und $\sin\alpha_1 \sin\beta_3$ aus (VI, 2). Lösung in beiden Fällen nach § 29, (XIX).

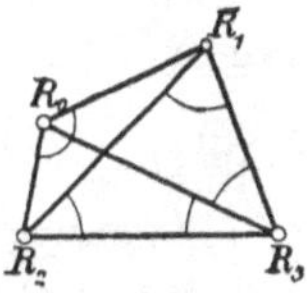

Fig. 34.

4. Gegeben α_0, β_1, β_2, α_3 oder γ_0, γ_1, β_2, β_3. Beide Aufgaben überschreiten das elementare Gebiet, da sie auf biquadratische Gleichungen führen und daher auch konstruktiv mit Zirkel und Lineal nicht lösbar sind.

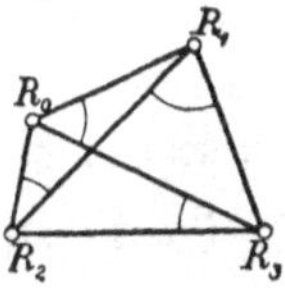

Fig. 35.

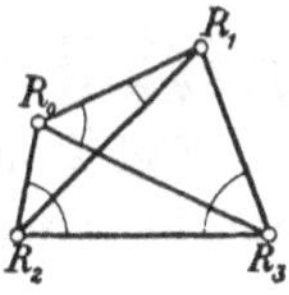

Fig. 36.

[1]) Auch „Pothenotsche Aufgabe“ genannt, aber ebenfalls schon von Snellius gelöst.

§ 32. Inhaltsformeln und besondere Vierecke.

a) Der Inhalt und die Seiten.

Kosinussatz und Inhaltsformel ergeben aus $\triangle_0$ und $\triangle_3$:

$$\text{(IX, 1)} \quad \left\{ \begin{aligned} c^2 &= a^2 + b^2 - 2\,a\,b\cos\gamma_0 \\ &= a'^2 + b'^2 - 2\,a'b'\cos\gamma_3\,; \end{aligned} \right.$$

$$\text{(IX, 2)} \qquad 2\,F_0 = ab\sin\gamma_0\,, \qquad 2\,F_3 = a'b'\sin\gamma_3\,.$$

Bezeichnen wir den Inhalt $F_0 + F_3$ des Vierecks mit F und setzen zur Abkürzung $G = a^2 + b^2 - a'^2 - b'^2$, so folgt aus (IX, 1, 2):

$$\text{(IX, 3)} \qquad G = 2\,ab\cos\gamma_0 - 2\,a'b'\cos\gamma_3\,,$$

$$\text{(IX, 4)} \qquad 4\,F = 2\,ab\sin\gamma_0 + 2\,a'b'\sin\gamma_3\,,$$

hieraus durch Quadrieren und Addieren nach § 20 (I, 3):

$$\text{(IX, 5)} \quad \left\{ \begin{aligned} &G^2 + (4\,F)^2 = \\ &4\,a^2b^2 + 4\,a'^2b'^2 - 8\,aba'b'\cos(\gamma_0 + \gamma_3)\,. \end{aligned} \right.$$

Wir führen nach § 24 (XXI, 4), $\frac{1}{2}(\gamma_0 + \gamma_3)$ ein und bringen G^2 nach rechts:

$$16\,F^2 =$$
$$[(2\,ab + 2\,a'b')^2 - G^2] - 16\,aba'b'\cos^2\tfrac{1}{2}(\gamma_0 + \gamma_3)\,.$$

Die eckige Klammer zerfällt in die Faktoren:

$$2\,ab + 2\,a'b' - G = (a' + b')^2 - (a - b)^2 = 4\,s_a\,s_b\,,$$
$$2\,ab + 2\,a'b' + G = (a + b)^2 - (a' - b')^2 = 4\,s'_a\,s'_b\,,$$

wobei zur Abkürzung gesetzt ist:

$$\tfrac{1}{2}(a + b + a' + b') = s\,,$$
$$s - a = s_a\,, \quad s - b = s_b\,, \quad s - a' = s'_a\,, \quad s - b' = s'_b\,.$$

Nach Division durch 16 ergibt sich daher schließlich:

$$\text{(IX, 6)} \qquad \boldsymbol{F^2 = s_a s_b s'_a s'_b - a\,b\,a'\,b'\cos^2\tfrac{1}{2}(\gamma_0 + \gamma_3)}\,.$$

b) Der Inhalt und die Diagonalen.

Wenden wir die Formel (XXIII) des § 29 auf $\triangle_0$ und die Winkel $\varphi = \omega$ sowie $\varphi = 90^0 + \omega$ an, wobei $\omega =$

$\beta_0 + \beta_1 = 180^0 - \alpha_0 - \alpha_2$ der der Seite b gegenüberliegende Winkel der Diagonalen ist, so folgt:

$$\text{(X, 1)} \qquad c \cos\omega = a \cos\beta_1 - b \cos\alpha_2 ,$$

$$\text{(X, 2)} \qquad c \sin\omega = a \sin\beta_1 + b \sin\alpha_2 .$$

Multiplizieren wir beiderseits mit $2c'$ und wenden auf (X, 1) den Kosinussatz, auf (X, 2) die Inhaltsformel für $\triangle_1$ und $\triangle_2$ an, so wird:

$$\text{(X, 3)} \qquad \mathbf{2cc' \cos\omega = a^2 + a'^2 - b^2 - b'^2} ,$$

$$\text{(X, 4)} \qquad \mathbf{2cc' \sin\omega = 4F} .$$

Je nachdem wir cc' oder ω eliminieren, ergibt sich:

$$\text{(X, 5)} \qquad 4F = (a^2 + a'^2 - b^2 - b'^2)\,\mathrm{tg}\,\omega ,$$

$$\text{(X, 6)} \qquad (4F)^2 + (a^2 + a'^2 - b^2 - b'^2)^2 = (2cc')^2 .$$

Eliminieren wir $(4F)^2$ aus (X, 6) und (IX, 5), so erhalten wir nach einigen leichten Umformungen:

$$\text{(X, 7)} \qquad \mathbf{(cc')^2 = (aa')^2 + (bb')^2 - 2aa'bb' \cos(\gamma_0 + \gamma_3)} .$$

c) Das Gelenkviereck.

Aus vier gegebenen Seiten kann man unendlich viele Vierecke zeichnen; denkt man sich die Seiten als Stäbe ausgeführt, die in den Ecken gelenkig verbunden sind, so entsteht ein „Gelenkviereck", das durch seine Bewegungen alle aus a, b, a', b' konstruierbaren Vierecke darstellt. Aus (X, 3) ergibt sich der merkwürdige Satz: Sind in irgendeiner Stellung eines Gelenkvierecks seine Diagonalen lotrecht zueinander, so bleiben sie es bei allen Bewegungen des Vierecks. Denn es ist dann in irgend einer Stellung $\cos\omega = 0$, also $a^2 + a'^2 = b^2 + b'^2$, und daher, wie groß auch c, c' sind, ständig $\cos\omega = 0$. Die Formel (X, 5) wird für solche Vierecke sinnlos, und die fünf Stücke a, b, a', b', ω sind abhängig, während sie im allgemeinen unabhängig sind.

Der größte Wert, den F^2 annehmen kann, ist nach (IX, 6) gleich $s_a s_b s'_a s'_b$, und er wird angenommen, wenn $\cos\frac{1}{2}(\gamma_0 + \gamma_3) = 0$, also $\gamma_0 + \gamma_3 = 180^0$, d. h. das Viereck ein Sehnenviereck ist. Unter allen Vierecken mit denselben Seiten hat das Sehnenviereck den größten Flächeninhalt. Dasselbe ergibt sich aus (X, 6, 7). Nach (X, 6) erreichen F^2 und $(cc')^2$ ihre Maxima zugleich, und $(cc')^2$ das seinige nach (X, 7), wenn $\cos(\gamma_0 + \gamma_3) = -1$, also $\gamma_0 + \gamma_3 = 180^0$ wird.

d) Das Sehnenviereck.

Wird $\gamma_0 + \gamma_3 = 180^0$, $\cos\gamma_0 = -\cos\gamma_3$, $\sin\gamma_0 = \sin\gamma_3$, so ergibt sich aus den Formeln (IX, 6, 3, 4):

$$\boldsymbol{F = \sqrt{s_a s_b s'_a s'_b}}\,.$$

(XI, 1) $\cos\gamma_0 = \frac{1}{2}(a^2 + b^2 - a'^2 - b'^2) : (ab + a'b')$

(XI, 2) $\sin\gamma_0 = 2F : (ab + a'b')$

Aus (XI, 1) errechnen wir ähnlich wie in § 26a:

$$\cos\tfrac{1}{2}\gamma_0 = \sqrt{\frac{s'_a s'_b}{ab + a'b'}}\,, \quad \sin\tfrac{1}{2}\gamma_0 = \sqrt{\frac{s_a s_b}{ab + a'b'}}\,,$$

und erhalten daraus einerseits (XI, 2), andererseits:

$$\boldsymbol{\operatorname{tg}\tfrac{1}{2}\gamma_0 = \cot\tfrac{1}{2}\gamma_3 = \sqrt{(s_a s_b) : (s'_a s'_b)}}\,.$$

Diese Formel und die analoge:

$$\boldsymbol{\operatorname{tg}\tfrac{1}{2}\gamma_1 = \cot\tfrac{1}{2}\gamma_2 = \sqrt{(s_a s'_b) : (s'_a s_b)}}$$

eignen sich am besten zur Berechnung der Winkel γ_0, γ_1, γ_2, γ_3 aus den Seiten a, b, a', b'.

Eliminiert man $\cos\gamma_3 = -\cos\gamma_0$ aus (IX, 1), so ergibt sich: $c^2(ab + a'b') = a'b'(a^2 + b^2) + ab(a'^2 + b'^2)$, und nach naheliegender Umformung der rechten Seite:

(XI, 3) $\boldsymbol{c^2 = (ab' + a'b)(aa' + bb') : (ab + a'b')}$,

analog: $\boldsymbol{c'^2 = (ab + a'b')(aa' + bb') : (ab' + a'b)}$.

Weil endlich $c = 2r \sin \gamma_0$, erhalten wir aus (XI, 2, 3) für den Radius r des durch a, b, a', b' bestimmten Sehnenvierecks den Wert:

$$\boldsymbol{r = \sqrt{(ab + a'b')(ab' + a'b)(aa' + bb')} : 4F},$$

und nunmehr, in der Bezeichnung des § 31, c (VIII, 1):

$$\sin\alpha = a : 2r, \quad \sin\alpha' = a' : 2r,$$
$$\sin\beta = b : 2r, \quad \sin\beta' = b' : 2r.$$

Anmerkung 1. Aus (XI, 3) ergibt sich unmittelbar der Ptolemäische Satz, ebenso aus (X, 7). Umgekehrt kann man (XI, 3) aus ihm herleiten; erstens auf Grund der allgemeinen Gleichung des § 30c, deren in der Anm. 4 gegebene Form sofort zeigt, daß mit $cc' = aa' + bb'$ auch $c : c' = (ab' + a'b) : (ab + a'b')$ gelten muß. Zweitens durch folgende geometrische Überlegung: Die vier Sehnen a, a', b, b' können in drei verschiedenen Reihen-

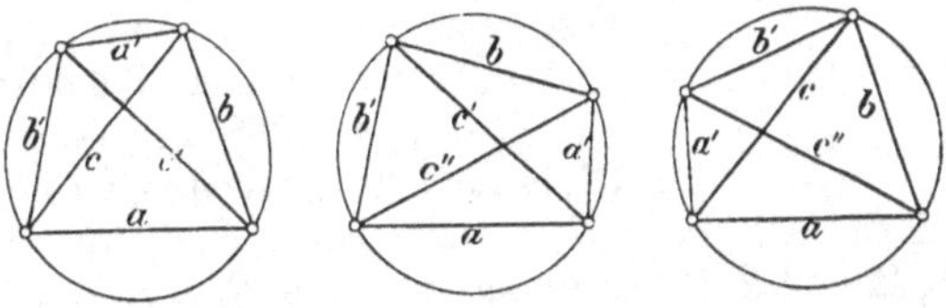

Fig. 37.

folgen aneinandergesetzt werden, nämlich: a, b, a', b'; a, a', b, b'; a, b, b', a'. Je zwei dieser drei Sehnenvierecke stimmen in einer Diagonale überein, so daß außer c, c' nur noch eine dritte, c'', vorkommt. Der Ptolemäische Satz ergibt die drei Gleichungen:

$$cc' = aa' + bb', \quad c'c'' = ab + a'b', \quad c''c = ab' + a'b,$$

aus denen c, c', c'' leicht zu berechnen sind. Der Radius läßt sich hiermit besonders einfach darstellen als $r = cc'c'' : 4F$.

Zahlenbeispiel. $a = 169$, $b = 195$, $a' = 52$, $b' = 150$.

Resultate. $c = 182$, $c' = 209$, $c'' = 195$, $F = 17556$, $r = 105{,}625$.

$$\alpha = 53^\circ\ 7'\ 48'', \quad \beta = 67^\circ\ 22'\ 48'',$$
$$\alpha' = 14^\circ\ 15'\ 0'', \quad \beta' = 45^\circ\ 14'\ 24''.$$

e) Das Trapez.

Wird a zu a' parallel, so ist nach (V, ψ), § 31:

$$(\text{XII}, 1)\left\{\begin{array}{l}\beta_0 = \beta_3,\ \beta_1 = \beta_2, \\ \gamma_0 + \gamma_2 = 180^0,\ \gamma_1 + \gamma_3 = 180^0.\end{array}\right.$$

Von den Sinusgleichungen werden (VI, 1, 3) gleichbedeutend mit (VI, 0, 2); (VII, 1) ist identisch erfüllt, und (VII, 2, 3) gehen über in:

$$(\text{XII}, 2) \quad \sin^2\gamma_0 \sin\alpha_1 \sin\alpha_3 = \sin^2\gamma_1 \sin\alpha_0 \sin\alpha_2,$$

$$(\text{XII}, 3) \quad \sin^2\beta_0 \sin\alpha_1 \sin\alpha_2 = \sin^2\beta_1 \sin\alpha_0 \sin\alpha_3.$$

Fig. 38.

Je vier Winkel sind abhängig; zu drei unabhängigen kennt man aus (XII, 1) stets einen vierten, so daß einer der Fälle des § 31, d vorliegt, ausgenommen wenn α_0, α_1, α_2 (also auch α_3) gegeben sind. Dann kennt man $\beta_0 + \beta_1 = 180^0 - \alpha_0 - \alpha_2$ aus (V, ω) und $\sin\beta_0 : \sin\beta_1$ aus (XII, 3).

Zieht man durch R_0 die Parallelen $R_0 R_2'$ und $R_0 R_3'$ zu $R_1 R_2$ und $R_1 R_3$ bis zu den Schnitten R_2' und R_3' mit a, so entstehen die Dreiecke $R_0 R_2' R_3$ und $R_0 R_2 R_3'$ mit den Stücken β_0, β_1, $180^0 - \omega$, c', c, $a + a'$ und γ_0, γ_1, χ, b', b, $a - a'$, die zur Lösung mancher Trapezaufgaben dienlich sind und bereits in der Elementargeometrie Verwendung finden.

Zweiter Teil.

Sphärische Trigonometrie.

Siebentes Kapitel.

Vorbereitungen aus der sphärischen Geometrie.

§ 33. Die Kreise auf der Kugel.

a) Groß- und Kleinkreise.

Drei Punkte einer Kugel $\mathfrak{K}$ liegen niemals in einer Geraden, bestimmen daher stets eindeutig eine Ebene $\mathfrak{E}$, und diese schneidet $\mathfrak{K}$ in einem Kreis K. Der zu $\mathfrak{E}$ senkrechte Durchmesser von $\mathfrak{K}$ trifft $\mathfrak{E}$ im wahren Mittelpunkt, $\mathfrak{K}$ in den beiden „sphärischen“ Mittelpunkten M, M' von K. Geht $\mathfrak{E}$ durch den Mittelpunkt O von $\mathfrak{K}$, so heißt K ein „Großkreis“ („größter Kreis“), andernfalls ein „Kleinkreis“ von $\mathfrak{K}$. Halbmesser R und wahrer Mittelpunkt eines Großkreises stimmen mit denen von $\mathfrak{K}$ überein, der Halbmesser eines Kleinkreises ist kleiner als R. Ein Großkreis enthält zu jedem, ein

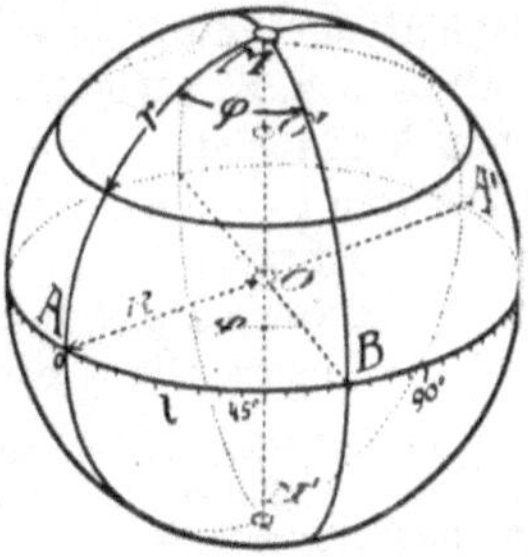

Fig. 39.

Kleinkreis zu keinem seiner Punkte A den „Gegenpunkt“ A', d. h. den zweiten Endpunkt des durch A gehenden Durchmessers AOA' von $\mathfrak{K}$. Durch irgend zwei Punkte A, B, die nicht Gegenpunkte sind, geht genau ein Großkreis. Zwei Großkreise schneiden sich stets in genau einem Paar A, A' von Gegenpunkten, beispielsweise alle Meridiane der Erdkugel in den beiden Polen. Diese sind zugleich die sphärischen Mittelpunkte der Parallelkreise, und diese wieder sind Kleinkreise, bis auf den Äquator, der ein Großkreis ist.

b) Der sphärische Abstand

zweier Punkte A, B auf $\mathfrak{K}$, die nicht Gegenpunkte sind, ist der kleinere der beiden Bögen AB des Großkreises durch A und B. Er ist nach Lage und Länge eindeutig bestimmt und wird kurz mit AB bezeichnet, wenn Verwechslungen mit dem geradlinigen Abstand nicht zu befürchten sind. Für zwei Gegenpunkte A, A' wird der sphärische Abstand definiert als der halbe Großkreis; er ist der Lage nach unbestimmt, weil jeder von A ausgehende halbe Großkreis in A' endet.

Alle Punkte eines Kreises K auf $\mathfrak{K}$ haben von seinen sphärischen Mittelpunkten M, M' dieselben sphärischen Abstände r, r'; sie heißen die „sphärischen“ Halbmesser von K und sind für Großkreise, und nur für solche, Quadranten (Viertelsgroßkreise).

Es ist stets $AB + BC \geqq AC$; das Gleichheitszeichen gilt nur, wenn B auf dem sphärischen Abstand von A und C liegt (insbesondere, wenn A, C Gegenpunkte sind).

Anmerkung 1. Der zuletzt ausgesprochene Satz kann gemeinsam mit dem gleichlautenden Satz über geradlinige Abstände bewiesen werden. Man kann z. B. den Inkreis konstruieren; wie auf S. 13—14 ergibt sich dann, daß $b+c-a$ die doppelte Länge der Tangente von A an den Inkreis und daher positiv ist. Es folgt daraus, daß der sphärische Abstand die kürzeste auf der Kugelfläche mögliche Verbindung seiner Endpunkte ist. Die Großkreise haben daher für die sphärische Geometrie dieselbe Bedeutung, wie die Geraden für die ebene Geometrie.

c) Die sphärische Längenmessung

ist eine Winkelmessung; es ergibt sich daraus die anfänglich meist befremdende Tatsache, daß man in der sphärischen Geometrie Längen und Winkel miteinander vergleichen kann, was in der ebenen Geometrie ausgeschlossen ist. Jeder sphärische Abstand $l = AB$ gehört als Bogen des Großkreises K durch A, B zu einem Mittelpunktswinkel $\varphi = \sphericalangle AOB = \sphericalangle AMB = \sphericalangle AM'B$, der sowohl am wahren wie an jedem sphärischen Mittelpunkt von K und, wenn man den Transporteur auf K selbst angebracht denkt (s. Fig. 39), unmittelbar auf K abgelesen werden kann. Da alle Großkreise den gleichen Halbmesser R haben, kann l ohne weiteres durch φ selbst gemessen werden; dies läuft darauf hinaus, als Längeneinheit den neunzigsten Teil des Quadranten zu benutzen und die Einheit nicht dezimal, sondern sexagesimal zu unterteilen.

Für manche Zwecke ist die Sexagesimalteilung unbequem und wird in eine dezimale umgerechnet. Besteht φ aus g Graden, m Minuten, s Sekunden, ($\varphi = g^0 m' s''$), so sind

$$\varphi_0 = g + m : 60 + s : 3600,$$
$$\varphi_1 = 60\varphi_0, \quad \varphi_2 = 60\varphi_1 = 3600\varphi_0$$

die drei „vereinheitlichten" Maßzahlen von φ in Graden, Minuten oder Sekunden allein. Ist z. B. $\varphi = 83^0\,46'\,18''$, so ist $\varphi_0 = 83{,}7717$, $\varphi_1 = 5026{,}30$, $\varphi_2 = 301578$.

d) Das natürliche Winkelmaß (Bogenmaß).

Die natürliche Längeneinheit für alle Kreismessungen, in der wir bereits die trigonometrischen Funktionen gemessen haben und von der Elementargeometrie her alle Längen, Flächen- und Rauminhalte an Kreisen und Kugeln auszudrücken gewöhnt sind, ist der Halbmesser. Versehen wir die Großkreise mit Skalen von der Längeneinheit R, so lesen wir als Maß des sphärischen Abstandes $l = AB$ und zugleich des entsprechenden Mittelpunktswinkels φ die Zahl $l : R$ ab. Sie wird das „natürliche“, „analytische“ [1]) oder „Bogenmaß“ genannt und mit „$\operatorname{arc}\varphi$“ (gelesen „Arkus phi“, vom lat. arcus = Bogen) bezeichnet. Da $\operatorname{arc}\varphi$ und φ_0 die Maßzahlen ein und derselben Größe φ, nur in verschiedenen Einheiten darstellen, gilt für irgend zwei Winkel φ, ψ:

$$\text{(I, 1)} \qquad \operatorname{arc}\varphi : \operatorname{arc}\psi = \varphi_0 : \psi_0 \,,$$

$$\text{(I, 2)} \qquad \operatorname{arc}(\varphi + \psi) = \operatorname{arc}\varphi + \operatorname{arc}\psi \,.$$

Wählen wir in (I, 1) für ψ den gestreckten Winkel, so ist $\psi_0 = 180$; der zugehörige Bogen ist der Halbkreis, $R\pi$, also $\operatorname{arc}180^0 = \pi$. Damit folgen aus (I, 1) die Umrechnungsformeln

$$\text{(I, 3, 4)} \qquad \operatorname{arc}\varphi = \frac{\pi}{180}\varphi_0 \,, \quad \varphi_0 = \frac{180}{\pi}\operatorname{arc}\varphi \,.$$

Anmerkung 2. Man lasse sich durch das Zeichen $\operatorname{arc}\varphi$ nicht verleiten, in Analogie mit $\sin\varphi$, hinter dem Bogenmaß eine transzendente oder sonstwie komplizierte Funktion zu suchen. Das Zeichen „arc“ ist überhaupt nur erforderlich, wenn neben dem Bogenmaß noch das Gradmaß benutzt wird; es fällt daher in der höheren Mathematik, die nur das Bogenmaß verwendet, fort.

---

[1]) Wegen ihrer Bevorzugung in der „Analysis“ (höheren Mathematik).

Anmerkung 3. Praktisch verwendbare Skalen an Tabellen, Transporteuren, Teilkreisen usw. müssen dem Quadranten eine runde Maßzahl geben und daher nach Teilen des Umfanges geteilt sein. Das Bogenmaß mit der irrationalen Maßzahl $\frac{1}{2}\pi$ für den Quadranten ist daher praktisch unbrauchbar. Theoretisch dagegen ist es jeder Gradskala, auch der dezimalen (s. Anm. 4) durch seine Einheitlichkeit überlegen; es verwendet für die Phasen genau dieselbe Teilung wie für Sinus, Kosinus, Tangente usw. Man kann die Bogenmaß-Skala geradezu als die auf den Einheitskreis aufgewickelte Tangentenskala ansehen (vgl. Fig. 40 und Fig. 14).

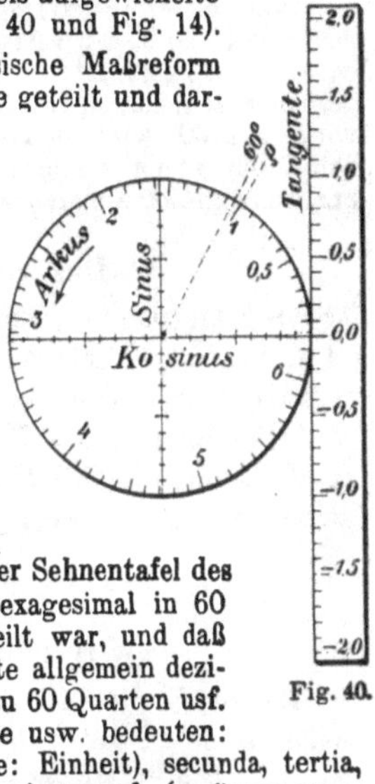

Fig. 40.

Anmerkung 4. Die französische Maßreform hatte den Quadranten in 100 Grade geteilt und daraufhin zugleich das Meter als 10^7-ten Teil des Erdquadranten definiert, so daß der Meridiangrad eine Länge von 10^5 m = 100 km erhalten sollte. Nach diesen „Neugraden" sind heute die Skalen der geodätischen Instrumente vielfach eingeteilt; auch nach Neugraden eingerichtete Tafeln sind verfügbar. Die Unbequemlichkeit, daß der Winkel des gleichseitigen Dreiecks keine runde Maßzahl hat, nimmt man in Kauf. Bemerkenswert ist, daß in der Sehnentafel des Ptolemäus auch der Halbmesser sexagesimal in 60 Grade zu 60 Minuten usw. unterteilt war, und daß ursprünglich die Sekunde, die heute allgemein dezimal unterteilt wird, in 60 Terzen zu 60 Quarten usf. geteilt wurde. Die Namen Minute usw. bedeuten: minuta = die verminderte (ergänze: Einheit), secunda, tertia, quarta usw. = die zweite, dritte, vierte usf. (ergänze: verminderte Einheit). Folgerichtig müßte die Minute „Prim" heißen (prima = die erste).

Anmerkung 5. Manche Logarithmentafeln enthalten eine Tafel der Vielfachen von arc 1°, arc 1′, arc 1″ (Arkustafel), welche das Umrechnen von Bogen- und Gradmaß erleichtert und die Vereinheitlichung des letzteren erspart. Wir entnehmen ihr beispielsweise: arc $83^{\circ} = 1{,}44862$, arc $46' = 0{,}01338$, arc $18'' = 0{,}00009$; also ist arc $83^{\circ}46'18'' = 1{,}46209$. Andererseits finden wir zu arc $\varrho = 1{,}00000$ als nächstkleineres Vielfaches von arc 1°: arc $57^{\circ} = 0{,}99484$, zu dem Rest $0{,}00516$ als nächstkleineres Vielfaches von arc $1'$: arc $17' = 0{,}00495$; der Rest $0{,}00021$ ist gleich arc $43''$ bis $44''$. Aus (I, 4) ergibt sich genauer $\varrho_0 = 180 : \pi = 57{,}2958$ und nach Umrechnung der Dezimalen:

$$\varrho = 57^{\circ}17'45''.$$

Auch dieser Winkel ϱ wird zur Umrechnung benutzt, indem man (I, 4) in der Gestalt $\varphi_0 = \varrho_0 \operatorname{arc} \varphi$ (oder $\varphi_1 = \varrho_1 \operatorname{arc} \varphi$, $\varphi_2 = \varrho_2 \operatorname{arc} \varphi$) schreibt; ϱ ist die Einheit des Bogenmaßes, d. h. derjenige Winkel, dessen Bogen dem Halbmesser gleich wird. Für 60° wird die Sehne dem Halbmesser gleich, weshalb ϱ nur wenig kleiner als 60° und arc $60^{\circ} = \pi : 3 = 1{,}0472$ nur wenig größer als arc $\varrho = 1$ ist.

e) Das sphärische Zweieck

ist ein Kugelstreifen, der von zwei halben Großkreisen (AN_1A', AN_2A', Fig. 41) mit gemeinsamen Endpunkten begrenzt wird. Sein Flächeninhalt F_{φ} ist dem Öffnungswinkel φ der Bögen AA' proportional und für $\varphi = 180^{\circ}$ als Halbkugel gleich $2R^2\pi$. Daher ergibt sich:

$$F_{\varphi} : 2R^2\pi = \varphi_0 : 180 = \operatorname{arc}\varphi : \operatorname{arc} 180^{\circ} = \operatorname{arc}\varphi : \pi,$$
$$F_{\varphi} = 2R^2 \operatorname{arc}\varphi.$$

f) Pol und Polare.

Die sphärischen Mittelpunkte M, M' eines Großkreises K heißen seine „Pole“; K heißt die „Polare“ von M und von M'. Die Polare ist der Ort aller Punkte, die von den Polen den sphärischen Abstand 90° haben; die Pole sind die gemeinsamen Schnittpunkte aller zur Polare lotrechten Großkreise. Liegt A auf der Polare von M, so ist $AM = 90^{\circ}$, also liegt auch M auf der Polare von A und beide Polaren schneiden sich lotrecht. Die Polaren zweier beliebiger Punkte M_1, M_2 schneiden sich in den Polen A, A' des Großkreises $M_1 M_2$ (Fig. 41).

Ist K mit einer Skala versehen und durchwandern wir diese, auf der Außenseite der Kugel stehend, in ihrem positiven Sinne, so nennen wir den zu unserer Linken (Rechten) liegenden Pol von K den Linkspol (Rechtspol); unsere Wanderung erfolgt für einen im Links- bzw. Rechtspol stehenden Zuschauer links bzw. rechts herum. Durch Betrachtung der Fig. 41 ergibt sich nun unmittelbar folgender Satz: Der Winkel φ der positiven Richtungen zweier Großkreise K_1, K_2 in ihren Schnittpunkten A, A' ist gleich dem sphärischen Abstand ihrer Linkspole M_1, M_2 [1]). Durchlaufen wir diesen von M_1 nach M_2, so liegt von den Polen A, A' des Großkreises $M_1 M_2$ derjenige zu unserer Linken, in dem die Drehung von K_1 durch φ nach K_2 linksherum erfolgt.

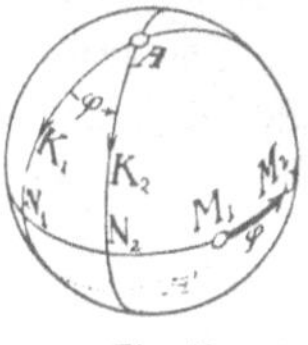

Fig. 41.

Anmerkung 6. Durchläuft A einen Kreis K vom sphärischen Halbmesser r, so umhüllt die Polare von A die zu K konzentrischen „Polarkreise" von K mit den sphärischen Halbmessern $90° \pm r$. Beweis zur Übung; Beispiel aus der mathematischen Geographie: die Wende- und Polarkreise.

§ 34. Das sphärische Dreieck.

a) Eulersche Dreiecke.

Verbindet man drei nicht auf demselben Großkreis gelegene Punkte A, B, C von $\mathfrak{K}$ durch Großkreisbögen AB, BC, CA, so zerfällt die Kugelfläche in zwei sphärische Dreiecke. Wählt man insbesondere zur Verbindung die

---

1) Es ist nämlich $N_1 N_2 = \varphi$ und $N_1 M_1 = N_2 M_2 = 90°$; s. Fig. 41.

sphärischen Abstände a, b, c und als Dreieck den kleineren Teil der Kugelfläche, so sind a, b, c und die von ihnen an den Ecken A, B, C gebildeten Innenwinkel α, β, γ sämtlich konkav. Ein solches Dreieck heißt ein Eulersches[1]) Dreieck; es wird durch die Verlängerungen seiner Seiten nicht zerschnitten. Wir betrachten nur Eulersche Dreiecke, stellen aber dem Leser anheim, zu prüfen, wie weit die Formeln, die wir ableiten, auch für allgemeine sphärische Dreiecke gültig bleiben.

Die drei Großkreise AB, BC, CA schneiden sich noch in den Gegenpunkten A', B', C' von A, B, C und zerlegen die Kugelfläche in insgesamt 8 Dreiecke. Von diesen heißt $A'B'C'$ das „Scheiteldreieck" $\triangle'$ von $\triangle = ABC$; $\triangle_1 = A'BC$, $\triangle_2 = AB'C$, $\triangle_3 = ABC'$ sind die „Nebendreiecke" von $\triangle$, und die noch übrigen drei die Scheiteldreiecke $\triangle_1'$, $\triangle_2'$, $\triangle_3'$ der Nebendreiecke, zugleich die Nebendreiecke des Scheiteldreiecks. Alle diese Dreiecke sind Eulersche Dreiecke. Die Nebendreiecke von $\triangle_1$ sind $\triangle$, $\triangle_3'$ und $\triangle_2'$, diejenigen von $\triangle_1'$ sind $\triangle'$, $\triangle_3$, $\triangle_2$.

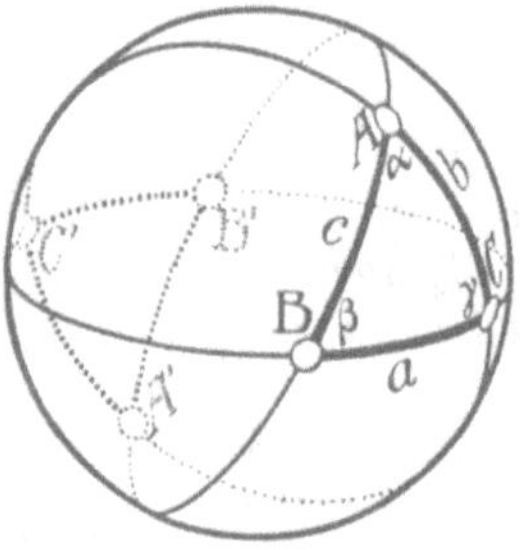

Fig. 42.

b) Das Scheiteldreieck

von $\triangle$ stimmt mit $\triangle$ in allen sechs Stücken überein und ist zu $\triangle$ symmetrisch; schiebt man es beispielsweise an

---

1) Leonhard Euler, 1707–1783, berühmter Mathematiker. Ein nicht-Eulersches Dreieck erhält man z. B. in Fig. 42 in dem Äußeren des Eulerschen Dreiecks ABC, oder wenn man B und C durch den Bogen $BC'B'C$ verbindet.

dem Großkreis $B'C'BC$ entlang, bis B' auf B fällt, so gelangt C' nach C und A' in die Lage A'', die zu A in bezug auf BC spiegelbildlich ist.

Symmetrische Dreiecke haben gleichen Flächeninhalt. Dieser Satz kann nicht, wie in der Ebene, durch Umklappung von $A''BC$ um BC bewiesen werden, weil infolge der Krümmung der Kugel symmetrische Figuren im allgemeinen nicht kongruent sind. Ist jedoch ABC gleichschenklich, etwa $b = a$, so wird $CA = CB = CA''$, und durch Drehung um C kann man B'' mit A,

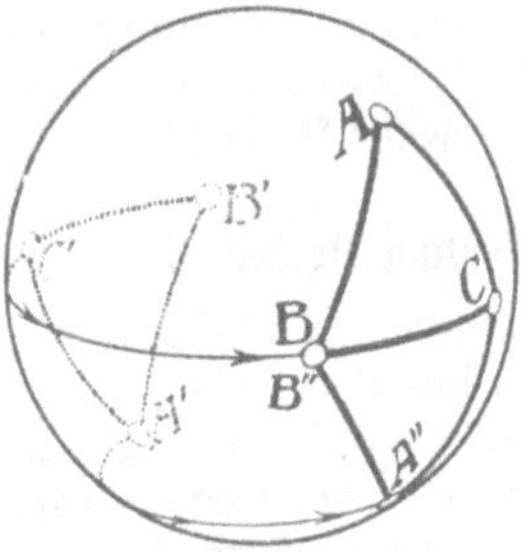

Fig. 43

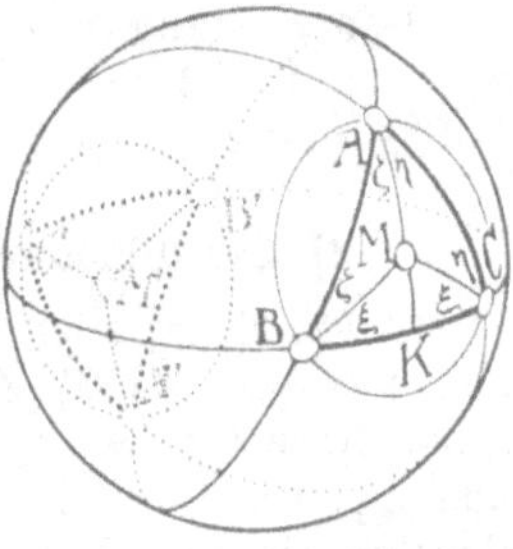

Fig. 44.

A'' mit B zur Deckung bringen; gleichschenklige symmetrische Dreiecke sind also in anderer Zuordnung der Ecken kongruent und daher flächengleich. Für beliebige symmetrische Dreiecke folgt nunmehr die Flächengleichheit, indem man sie durch die nach den Ecken gehenden sphärischen Radien der Umkreise in gleichschenklige Teildreiecke zerlegt[1]). ($\triangle MAB = \triangle M'A'B'$ usw.)

---

[1]) Liegt der sph. Umkreismittelpunkt M außerhalb $\triangle$, so ist eines der Teildreiecke von der Summe der beiden andern abzuziehen, die „Zerlegung" also teilweise „subtraktiv".

c) Die Nebendreiecke

haben mit $\triangle$ je eine Seite gemeinsam und stimmen auch in deren Gegenwinkel mit $\triangle$ überein; die übrigen vier Stücke sind die Supplemente der entsprechenden von $\triangle$. In $\triangle_1$ z. B. ist:

$$\text{(II)} \quad \begin{cases} a_1 = a, & b_1 = 180^0 - b, \quad c_1 = 180^0 - c, \\ \alpha_1 = \alpha, & \beta_1 = 180^0 - \beta, \quad \gamma_1 = 180^0 - \gamma. \end{cases}$$

Aus $a_1 < b_1 + c_1$ (§ 33 b) ergibt sich hiermit:

$$a + b + c < 360^0.$$

Der Umfang eines Eulerschen Dreiecks ist also stets kleiner als 360^0. Die Differenz $d = 360^0 - (a + b + c)$ heißt der **„sphärische Defekt“** von $\triangle$.

d) Der Inhalt des sphärischen Dreiecks.

F, F_1, F_2, F_3 seien die Inhalte von $\triangle, \triangle_1, \triangle_2, \triangle_3$, also auch von $\triangle', \triangle_1', \triangle_2', \triangle_3'$. Ein Dreieck und eines seiner Nebendreiecke, z. B. $\triangle$ und $\triangle_1$, $\triangle$ und $\triangle_2$, $\triangle_1$ und $\triangle_2'$, bedecken ein Zweieck mit dem Gegenwinkel ihrer gemeinsamen Seite als Öffnungswinkel; in den drei genannten Paaren ist dieser: $\alpha, \beta, \gamma_1 = 180^0 - \gamma$ (II), daher nach § 33e:

$$\text{(III)} \quad \begin{gathered} F + F_1 = 2R^2 \operatorname{arc} \alpha, \quad F + F_2 = 2R^2 \operatorname{arc} \beta, \\ F_1 + F_2 = 2R^2 \operatorname{arc}(180^0 - \gamma). \end{gathered}$$

Durch seitenweise Addition der beiden ersten Gleichungen und Subtraktion der letzten folgt nach § 33d (I, 2):

$$\text{(IV)} \quad \boldsymbol{F = R^2 \operatorname{arc} (\alpha + \beta + \gamma - 180^0)}.$$

Die Winkelsumme eines Eulerschen Dreiecks ist also stets größer als 180^0; ihr Überschuß über 180^0, der sogenannte **„sphärische Exzeß“**: $\varepsilon =$

$(\alpha + \beta + \gamma) - 180^\circ$, ist dem Inhalt von $\triangle$ proportional[1]).

Anmerkung 1. Außer den drei Gleichungen (III) gelten natürlich noch drei weitere:

$$F + F_3 = 2R^2 \operatorname{arc}\gamma, \quad F_2 + F_3 = 2R^2 \operatorname{arc}(180^\circ - \alpha),$$
$$F_3 + F_1 = 2R^2 (\operatorname{arc} 180^\circ - \beta);$$

von diesen insgesamt 6 Gleichungen sind nur 4 unabhängig.

Anmerkung 2. Haben s, s_a usw. dieselbe Bedeutung wie in § 3, und setzen wir analog:

$$\sigma = \tfrac{1}{2}(\alpha + \beta + \gamma), \quad \sigma_\alpha = \sigma - \alpha, \quad \sigma_\beta = \sigma - \beta, \quad \sigma_\gamma = \sigma - \gamma,$$

so erhalten wir für die Defekte d, d_1, d_2, d_3 und Exzesse ε, ε_1, ε_2, ε_3 von $\triangle$, $\triangle_1$, $\triangle_2$, $\triangle_3$ folgende Beziehungen:

$$\text{(VI, 1)}\left\{\begin{array}{c} d = 360^\circ - 2s, \\ d_1 = 2s_a, \quad d_2 = 2s_b, \quad d_3 = 2s_c; \end{array}\right.$$

$$\text{(VI, 2)} \qquad d + d_1 + d_2 + d_3 = 360^\circ;$$

$$\text{(VI, 3)}\left\{\begin{array}{c} \varepsilon = 2\sigma - 180^\circ, \\ \varepsilon_1 = 180^\circ - 2\sigma_\alpha, \quad \varepsilon_2 = 180^\circ - 2\sigma_\beta, \quad \varepsilon_3 = 180^\circ - 2\sigma_\gamma; \end{array}\right.$$

$$\text{(VI, 4)} \qquad \varepsilon + \varepsilon_1 + \varepsilon_2 + \varepsilon_3 = 360^\circ;$$

$$\text{(VI, 5)}\left\{\begin{array}{l} \left.\begin{array}{c} a \\ a_1 \end{array}\right\} = \tfrac{1}{2}(d_2 + d_3), \quad \left.\begin{array}{c} b \\ b_2 \end{array}\right\} = \tfrac{1}{2}(d_3 + d_1), \quad \left.\begin{array}{c} c \\ c_3 \end{array}\right\} = \tfrac{1}{2}(d_1 + d_2), \\ \left.\begin{array}{c} a_2 \\ a_3 \end{array}\right\} = \tfrac{1}{2}(d + d_1), \quad \left.\begin{array}{c} b_3 \\ b_1 \end{array}\right\} = \tfrac{1}{2}(d + d_2), \quad \left.\begin{array}{c} c_1 \\ c_2 \end{array}\right\} = \tfrac{1}{2}(d + d_3); \end{array}\right.$$

$$\text{(VI, 6)}\left\{\begin{array}{l} \left.\begin{array}{c} \alpha \\ \alpha_1 \end{array}\right\} = \tfrac{1}{2}(\varepsilon + \varepsilon_1), \quad \left.\begin{array}{c} \beta \\ \beta_2 \end{array}\right\} = \tfrac{1}{2}(\varepsilon + \varepsilon_2), \quad \left.\begin{array}{c} \gamma \\ \gamma_3 \end{array}\right\} = \tfrac{1}{2}(\varepsilon + \varepsilon_3), \\ \left.\begin{array}{c} \alpha_2 \\ \alpha_3 \end{array}\right\} = \tfrac{1}{2}(\varepsilon_2 + \varepsilon_3), \quad \left.\begin{array}{c} \beta_3 \\ \beta_1 \end{array}\right\} = \tfrac{1}{2}(\varepsilon_3 + \varepsilon_1), \quad \left.\begin{array}{c} \gamma_1 \\ \gamma_2 \end{array}\right\} = \tfrac{1}{2}(\varepsilon_1 + \varepsilon_2). \end{array}\right.$$

Anmerkung 3. Die Sätze über die Längen der Tangenten (Fig. 45) an die In- und Ankreise gelten in der sphärischen Geometrie ebenso wie in der ebenen und werden ebenso bewiesen, zum Teil sogar etwas einfacher, weil die Ankreise von $\triangle$ die Inkreise der Nebendreiecke sind. Sind ferner ξ, η, ζ die Basiswinkel der gleichschenkligen Dreiecke BMC, CMA, AMB (M der Umkreismittelpunkt, Fig.

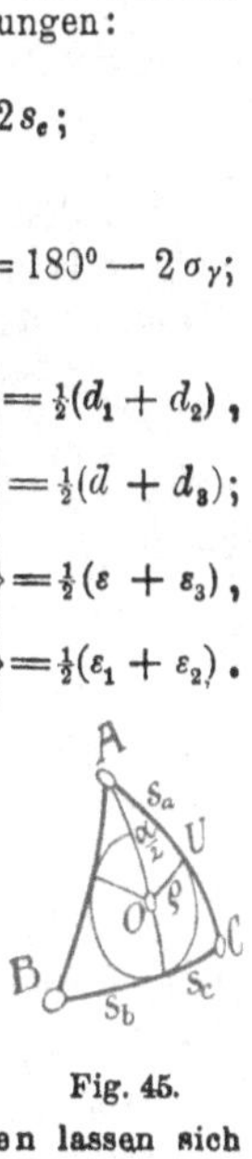

Fig. 45.

1) Nicht nur Längen, sondern auch Flächen lassen sich hiernach auf der Kugel durch Winkel messen.

44), so ist $\alpha = \eta + \zeta$, $\beta = \zeta + \xi$, $\gamma = \xi + \eta$, also $2\sigma = \alpha + \beta + \gamma = 2(\xi + \eta + \zeta)$ und $\xi = \sigma_\alpha$, $\eta = \sigma_\beta$, $\zeta = \sigma_\gamma$.

Kennt man daher B, C und σ_α, oder, was nach (VI, 3) dasselbe bedeutet, ε_1, so kennt man das Dreieck BMC, also den Umkreis von $\triangle$ und damit einen Ort für A. Diese Betrachtung gilt wörtlich ebenso in der ebenen Geometrie und ergibt dort, weil $\varepsilon = 0$ und nach (VI, 6) $\varepsilon_1 = 2\alpha$ wird, den Peripheriewinkelsatz. Dieser ist jedoch in der sphärischen Geometrie nicht gültig. Statt dessen ergibt die Betrachtung des Dreiecks $\triangle'_1$, in dem mit B, C, ε_1 die Ecken B', C' und der Inhalt F_1 gegeben sind, den Lexellschen Satz: Der geometrische Ort eines Punktes, der mit zwei gegebenen Punkten ein (sphärisches) Dreieck von gegebenem Inhalt bildet, ist ein Kreis durch die Gegenpunkte der beiden gegebenen Punkte.

e) Das Polardreieck.

Wir denken uns den Umfang von $\triangle$ derart umwandert und die Bezeichnung der Ecken derart gewählt, daß der Wanderer von A über B nach C und sodann nach A zurückgelangt und dabei das Innere von $\triangle$ zur Linken hat. Die Linkspole $\bar{A}$, $\bar{B}$, $\bar{C}$ der Seiten a, b, c für diese Wanderungsrichtung bilden das „Polardreieck" von $\triangle$; seine Seiten seien $\bar{a}$, $\bar{b}$, $\bar{c}$, seine Winkel $\bar{\alpha}$, $\bar{\beta}$, $\bar{\gamma}$. Weil der Wanderer an den Ecken A, B, C sich um die Außenwinkel von $\triangle$ drehen muß, ist nach § 33,f:

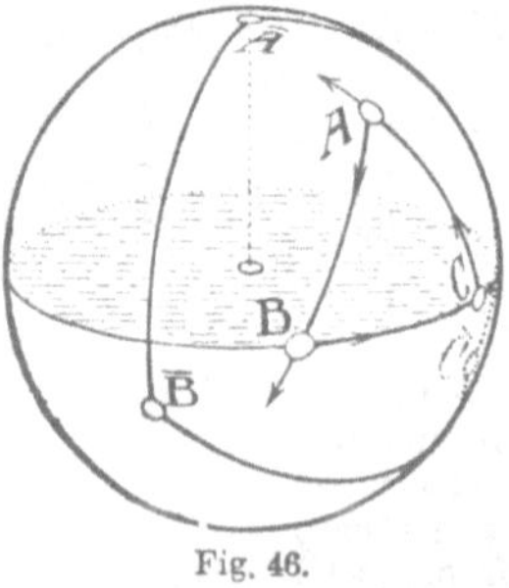

Fig. 46.

$$\text{(V, 1)} \quad \bar{a} = 180^\circ - \alpha, \quad \bar{b} = 180^\circ - \beta, \quad \bar{c} = 180^\circ - \gamma,$$

und weil er diese Drehungen nach links ausführt, sind A, B, C die Linkspole von $\bar{a}$, $\bar{b}$, $\bar{c}$, wenn $\bar{A}\bar{B}\bar{C}$ in dieser Reihenfolge seiner Ecken umfahren wird. Daher ist auch

ABC das Polardreieck von $\bar{A}\bar{B}\bar{C}$ und, entsprechend (V, 1): $a = 180^0 - \bar{\alpha}$ usw., d. h.:

$$\text{(V, 2)} \quad \bar{\alpha} = 180^0 - a,\ \bar{\beta} = 180^0 - b,\ \bar{\gamma} = 180^0 - c.$$

Es gibt also zu jedem sphärischen Dreieck ein zweites, welches die Supplemente der Seiten des ersten zu Winkeln und die Supplemente der Winkel des ersten zu Seiten hat.

Anmerkung 4. Das Dreieck der drei Rechtspole von a, b, c ist das Scheiteldreieck des Polardreiecks und kann, weil es dieselben Stücke wie dieses hat, ebensogut als Polardreieck von Δ angesehen werden. Die Nebendreiecke des Polardreiecks sind die Polardreiecke von Δ_1, Δ_2, Δ_3; dasjenige von Δ_1 hat die Stücke $\bar{a}_1 = 180^0 - \alpha$, $\bar{b}_1 = \beta$, $\bar{c}_1 = \gamma$; $\bar{\alpha}_1 = 180^0 - a$, $\bar{\beta}_1 = b$, $\bar{\gamma}_1 = c$.

Anmerkung 5. Wenn irgendeine Beziehung zwischen a, b, c, α, β, γ allgemein, d. h. für jedes Dreieck Δ gültig ist, so muß sie auch für Δ_1, Δ_2, Δ_3 und die Polardreiecke gelten; sie muß also richtig bleiben, wenn man zwei Seiten und ihre Gegenwinkel durch ihre Supplemente oder die Seiten durch die Supplemente der Winkel und die Winkel durch die Supplemente der Seiten ersetzt. Dieser Ersatz führt entweder auf eine bereits bekannte Formel, wodurch eine Probe entsteht, oder auf eine neue, die dergestalt aufs einfachste bewiesen ist. Eine Anwendung hiervon können wir bereits an den Formeln (VI) machen. Ersetzen wir z. B. Δ durch Δ_1, so sind Δ_1, Δ_2, Δ_3 (§ 34a) durch Δ, Δ'_3, Δ'_2, also $a, b, c, d, d_1, d_2, d_3$ durch $a_1, b_1, c_1, d_1, d, d_3, d_2$ zu ersetzen, wodurch beispielsweise $b = \frac{1}{2}(d_3 + d_1)$ in $b_1 = \frac{1}{2}(d_2 + d)$ übergeht. Im Polardreieck von Δ ist $\bar{s} = (180^0 - a) + (180^0 - b) + (180^0 - c) - 180^0 = d$, ebenso $\bar{d} = s$, $\bar{\varepsilon}_1 = d_1$ usw., wodurch (VI, 5) und (VI, 6) ineinander übergehen. Nach § 33 Anm. 6 ist der Umkreis des Polardreiecks ein Polarkreis des Inkreises von Δ, also $\bar{r} = 90^0 - \varrho$ usw. Weil s als Inhaltsmaß notwendig positiv ist, folgt wiederum, daß die Defekte positiv sein müssen, insbesondere aus $d_1 > 0$, daß $b + c > a$ ist. (Vgl. § 33, b und § 34, c.)

§ 35. Aufgabe und Methode der sphärischen Trigonometrie.

a) Die Grundaufgaben.

Von den sechs Stücken a, b, c, α, β, γ des sphärischen Dreiecks sind irgend vier abhängig und irgend drei unabhängig, ausgenommen den Fall des Großkreissektors; wenn nämlich eine Ecke, z. B. C, ein Pol ihrer Gegenseite ist, so ist nach § 33, f:

$$\text{(VII)} \quad a = 90^0, \; b = 90^0, \; c = \gamma, \; \alpha = 90^0, \; \beta = 90^0,$$

und die beiden ersten (ebenso die beiden letzten, aber auch zwei beliebige) dieser Gleichungen sind hinreichende Bedingungen dieses Sonderfalles, so daß α, β im Falle $a = b = 90^0$ (und ebenso a, b im Falle $\alpha = \beta = 90^0$) nicht verfügbar sind. Da im übrigen die Gleichungen (VII) die Erledigung dieses Sonderfalles ohne trigonometrische Hilfsmittel gestatten, schließen wir ihn künftig aus, nehmen also an, daß sich unter den Stücken von $\triangle$, insbesondere unter den gegebenen dreien, höchstens ein Quadrant befinde. Dann erhalten wir sechs Grundaufgaben, je nachdem gegeben sind:

1. die drei Seiten: a, b, c;
1'. die drei Winkel: α, β, γ;
2. zwei Seiten und der eingeschlossene Winkel: a, b, γ;
2'. eine Seite und die anliegenden Winkel: c, α, β;
3. zwei Seiten und ein Gegenwinkel: a, b, α;
3'. zwei Winkel und eine Gegenseite: a, α, β.

In der ebenen Geometrie scheidet infolge der Abhängigkeit der Winkel der Fall 1' aus und 2', 3' werden gleichwertig, so daß vier Grundaufgaben verbleiben. In der sphärischen Geometrie verringert sich die Zahl sechs auf drei, denn in den Fällen 1′, 2′, 3′ sind die den Fällen 1, 2, 3 entsprechenden Stücke des Polardreiecks bekannt, wodurch jene auf diese zurückgeführt werden.

b) Die Bedingungen der Lösbarkeit

erhalten wir, indem wir $\triangle$ aus den gegebenen Stücken konstruiert denken. Diese dürfen in den Fällen 2, 2′ offenbar völlig beliebig gewählt werden und bestimmen die gesuchten Stücke eindeutig.

Im Falle 1 müssen nach § 34c die vier Defekte positive Werte haben; von diesen vier Bedingungen sind stets zwei, und zwar, wenn a die größte Seite bezeichnet, $d_2 > 0$, $d_3 > 0$, von selbst erfüllt. Die beiden andern besagen, daß $a + b + c < 360^0$ und $b + c > a$ sein muß. Ist das der Fall, so ist die Aufgabe eindeutig lösbar, denn die Kreise mit den sphärischen Radien b, c um die Endpunkte C, B eines Großkreisbogens von der Länge a schneiden sich alsdann in zwei Punkten A, A'', so daß zwei symmetrische Dreiecke ABC, $A''BC$ mit den vorgeschriebenen Seiten entstehen.

Durch „Polarisation" (Übergang zum Polardreieck) folgt nunmehr, daß die Aufgabe 1′ eindeutig und nur dann lösbar ist, wenn die vier Exzesse ε, ε_1, ε_2, ε_3 positiv ausfallen.

Die Aufgabe 3 führen wir zunächst auf die Annahme zurück, daß a und b spitz sind. Sollten nämlich beide stumpf sein, so betrachten wir an Stelle von $\triangle$ das Nebendreieck $\triangle_3$, in dem a_3 und b_3 spitz sind, analog, wenn a stumpf, b spitz ist, $\triangle_2$. Unter dieser Annahme ergibt sich genau dieselbe Diskussion und genau dasselbe Resultat wie in der ebenen Geometrie: Ist $a > b$, so unterliegt α

keinen Beschränkungen und es gibt eine Lösung. Ist $a = b$, so gibt es bei spitzem α eine Lösung, nämlich ein gleichschenkliges Dreieck ($\alpha = \beta$). Ist $a < b$, so muß ebenfalls α spitz sein, und es gibt: zwei Lösungen, eine oder keine, je nachdem a größer, ebenso groß oder kleiner ist, wie die durch b und α bestimmte sphärische Höhe h_c des Dreiecks. In Fig. 47 ist $a > b$, $a' = b$, $h_c < a'' < b$ gewählt.

Fig. 47.

Der rechnerische Ausdruck der Bedingung $a \geqq h_c$ erfordert trigonometrische Hilfsmittel, vgl. § 43.

Die Diskussion der Aufgabe 3′ führt man durch Übergang zum Polardreieck auf diejenige von 3 zurück.

c) Das Dreikant.

Die drei Radien OA, OB, OC nach den Ecken von $\triangle$ bilden ein Dreikant (eine dreiseitige körperliche Ecke). Die Seiten a, b, c von $\triangle$ kehren an dem Dreikant wieder als Winkel zwischen den Kanten (Kantenwinkel), die Winkel α, β, γ als Neigungswinkel der Seitenflächen (Seitenwinkel). Durch Verlängerung der Seiten und Kanten des Dreikants entstehen das „Scheiteldreikant“ und die „Nebendreikante“ (Scheitelecke und Nebenecken), die dem Scheiteldreieck und den Nebendreiecken entsprechen. Umgekehrt wird jedes Dreikant durch eine Kugel um seinen Scheitel O in einem sphärischen Dreieck geschnitten, dessen Seiten und Winkel den Kanten- und Seitenwinkeln des Dreikants gleich sind.

Hiermit ist nun der Weg zur Gewinnung der Grundgleichungen der sphärischen Trigonometrie gewiesen. Es treten nämlich am Dreikant bereits a, b, c als ebene Winkel mit geradlinigen Schenkeln auf; schneiden wir noch die Seitenflächen mit drei Ebenen $\mathfrak{E}_1$, $\mathfrak{E}_2$, $\mathfrak{E}_3$, die auf den Kanten OA, OB, OC senkrecht stehen, so erhalten wir auch α, β, γ als ebene Winkel dargestellt und können nunmehr die Mittel der ebenen Trigonometrie zur Anwendung bringen. Die Beziehungen zwischen den Stücken des sphärischen Dreiecks werden sich also von denen der ebenen Trigonometrie nicht dadurch unterscheiden, daß neue Funktionen zu ihrer Beschreibung erforderlich sind, sondern dadurch, daß außer den trigonometrischen Funktionen der Winkel α, β, γ auch diejenigen der Seiten a, b, c auftreten.

d) Die Polarecke.

Legen wir zunächst nur die Ebene $\mathfrak{E}_1$ durch einen Punkt P von OA, so schneidet sie, falls wir b, c als spitz voraussetzen (vgl. § 35 b), von dem Dreikant ein Tetraeder $OPST$ ab. Die zwölf Winkel der Kanten desselben lassen sich durch die Verhältnisse dieser sechs Kanten, also durch fünf Größen, ausdrücken. Wir kennen aber sechs Winkel, nämlich a, b, c in O und $SPT = \alpha$, $SPO = TPO = 90^0$ in P, können daher eine Beziehung zwischen a, b, c und α aufstellen. (Vgl. § 39, c.)

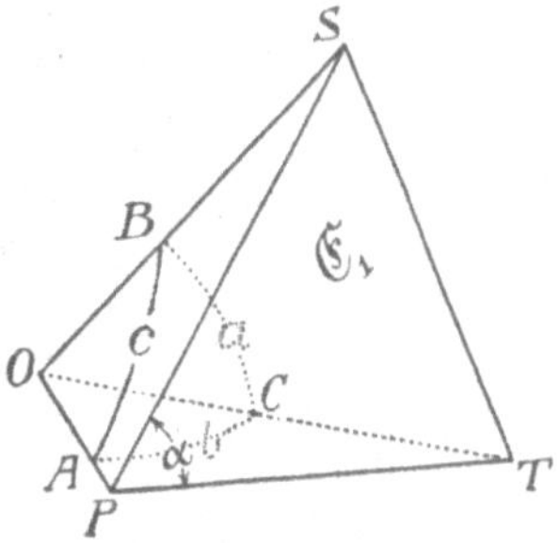

Fig. 48.

Legen wir $\mathfrak{E}_1$ und $\mathfrak{E}_3$ derart, daß sie OB im gleichen Punkte S treffen, so entsteht, falls wir a und c als spitz voraussetzen, der Fünfflächner $OPRSQ'$ Die Schnittlinie SQ' von $\mathfrak{E}_1$ und $\mathfrak{E}_3$ steht, wie $\mathfrak{E}_1$ und $\mathfrak{E}_3$ selbst, senkrecht auf der Ebene OAC, es sind daher die Dreiecke PSQ' und RSQ' bei Q' rechtwinklig, und der Winkel $PQ'R$ ist der Neigungswinkel zwischen beiden, d. h. zwischen $\mathfrak{E}_1$ und $\mathfrak{E}_3$. Weil das Viereck $OPRQ'$ bei P und R rechte Winkel hat, ist dieser Winkel $PQ'R$ gleich:

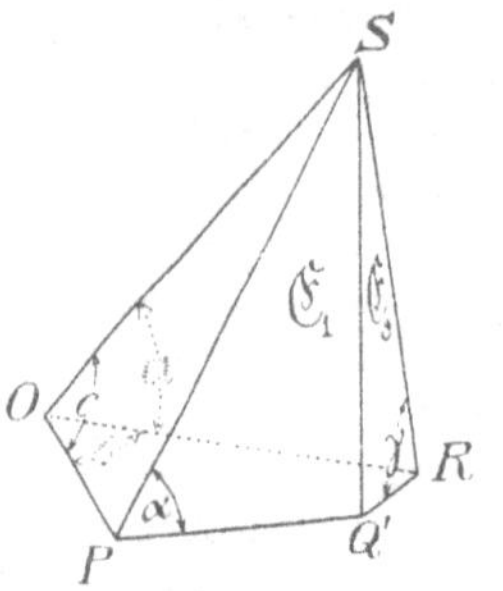
Fig. 49.

$$180^0 - b = \bar{\beta}.$$

Zeichnen wir noch $\mathfrak{E}_2$ ein, so sind aus den gleichen Gründen in dem Sechsflächner $OPQRO'P'Q'R'$ die Winkel $PR'Q = 180^0 - c = \bar{\gamma}$, $QP'R = 180^0 - a = \bar{\alpha}$ die Neigungswinkel zwischen $\mathfrak{E}_1$ und $\mathfrak{E}_2$ sowie $\mathfrak{E}_2$ und $\mathfrak{E}_3$. Aber auch die Vierecke $PQ'R'O'$, $QR'P'O'$, $RP'Q'O'$ haben je zwei rechte Winkel, weshalb die Kantenwinkel $Q'O'R'$, $R'O'P'$, $P'O'Q'$ der von den Ebenen $\mathfrak{E}_1$, $\mathfrak{E}_2$, $\mathfrak{E}_3$ gebildeten Ecke O' gleich $180^0 - \alpha = \bar{a}$, $180^0 - \beta = \bar{b}$, $180^0 - \gamma = \bar{c}$ werden. Die Stücke dieser Ecke sind also diejenigen des Polardreiecks von $\triangle$; verschieben wir die Ecke parallel mit sich selbst, bis O' nach O fällt, so schneidet sie auf der Kugel um O das Scheiteldreieck des in § 34, e konstruierten Polardreiecks aus. Sie heißt die „Polarecke“ der Ecke $OABC$.

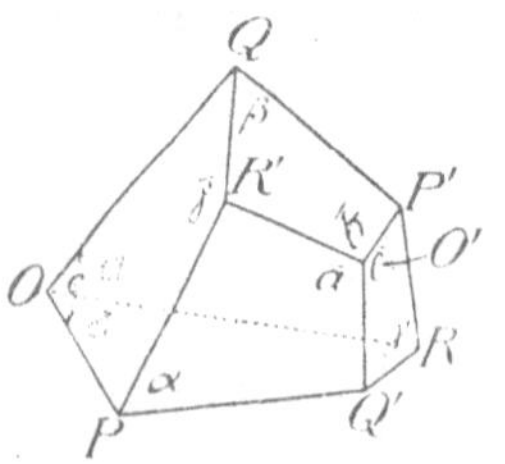
Fig. 50.

e) Sphärische Trigonometrie und Stereometrie.

Unter rein systematischen Gesichtspunkten ist die nächstliegende rechnerische Aufgabe, die der Raum uns stellt, die Berechnung der Polyeder. Die Seitenflächen der Polyeder sind Polygone und als solche bereits in der ebenen Trigonometrie behandelt; das wesentlich neue Problem liegt also in den Ecken der Polyeder, und die einfachste Ecke, die am Tetraeder beispielsweise allein vorkommt, ist das Dreikant. Ihm kommt daher für die Stereometrie die gleiche Bedeutung zu, wie dem Dreieck für die Planimetrie. Die Berechnung des Dreikants ist, wie wir gesehen haben, dieselbe Aufgabe wie diejenige des sphärischen Dreiecks, und dieser Zusammenhang reicht bis auf die ersten Anfänge der Astronomie zurück; denn alle Messungen an der Himmelskugel sind tatsächlich Winkelmessungen zwischen denjenigen Geraden, mit denen vom Beobachtungspunkte aus die Himmelskörper anvisiert werden.

Aber auch rein praktische Gesichtspunkte leiten von der ebenen Trigonometrie unmittelbar zur sphärischen hin. Geometrie ist, wie der Name besagt, ursprünglich Erdmessung gewesen; die Erdoberfläche aber ist nur in hinreichend kleinen Teilen angenähert eben. Größere Objekte müssen unter Berücksichtigung der Erdkrümmung betrachtet werden, wobei man in zweiter Annäherung die Erde als Kugel ansehen kann. Die Kugelgestalt der Erde war dem Altertum zur Zeit der Blüte seiner Mathematik vollkommen geläufig. Auch die Größe des Erdhalbmessers war für die damaligen Hilfsmittel der Messung bereits gut bekannt.

Aus diesen Gründen war bereits im Altertum die sphärische Trigonometrie nicht minder hoch entwickelt als die ebene.

Achtes Kapitel.

Das rechtwinklige sphärische Dreieck.

§ 36. Die Grundformeln.

a) Der „sphärische Pythagoras“.

Ist $\gamma = 90^0$, so ist auch $\gamma_1 = \gamma_2 = \gamma_3 = 90^0$; es sind also die vier Dreiecke $\triangle$, $\triangle_1$, $\triangle_2$, $\triangle_3$ rechtwinklig. Bei passender Bezeichnung ist $\triangle$ dasjenige von ihnen, in dem b und c spitz sind. In dem zugehörigen Tetraeder $OPST$ (§ 35, d) steht ST lotrecht auf der Ebene OAC, weil außer $\mathfrak{E}_1$ auch die Ebene OBC (wegen $\gamma = 90^0$) auf OAC lotrecht steht. Es sind also die Dreiecke OST und PST bei T rechtwinklig, und das Verhältnis irgend zweier von derselben Ecke auslaufender Tetraederkanten ist eine trigonometrische Funktion von a, b, c oder α. Beispielsweise ist

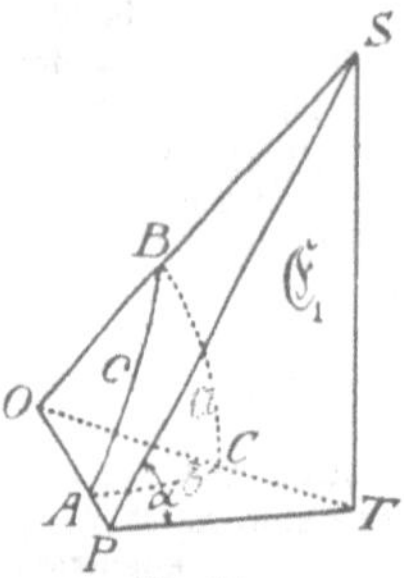

Fig. 51.

$$OP : OS = \cos c, \quad OT : OS = \cos a, \quad OP : OT = \cos b.$$

Andererseits ist identisch (vgl. auch § 8a und § 31b):

$$OP : OS = (OT : OS) \cdot (OP : OT),$$

also:

$$\text{(I)} \qquad \cos c = \cos a \cos b.$$

Dieselbe Formel gilt auch in $\triangle_1$, $\triangle_2$, $\triangle_3$, da die Seitenkosinus dort dieselben Absolutwerte und zwei von ihnen negative Vorzeichen haben.

b) Ein Winkel und zwei Seiten.

Aus den drei, den Ecken P, S, T entsprechenden identischen Gleichungen zwischen je drei Kantenverhältnissen

$$\frac{PT}{PS} = \frac{PT : PO}{PS : PO}, \quad \frac{ST}{SP} = \frac{ST : SO}{SP : SO}, \quad \frac{TS}{TP} = \frac{TS : TO}{TP : TO}$$

ergeben sich ebenso die drei Beziehungen:

$$\text{(II, 1, 2, 3)}\quad \cos\alpha = \frac{\operatorname{tg} b}{\operatorname{tg} c},\ \sin\alpha = \frac{\sin a}{\sin c},\ \operatorname{tg}\alpha = \frac{\operatorname{tg} a}{\sin b}.$$

Diese Formeln gelten, wie wiederum leicht zu sehen ist, auch für die Nebendreiecke, also unabhängig von der Annahme, daß b und c spitz sind. Analog muß sich für β ergeben:

$$\text{(III, 1, 2, 3)}\quad \cos\beta = \frac{\operatorname{tg} a}{\operatorname{tg} c},\ \sin\beta = \frac{\sin b}{\sin c},\ \operatorname{tg}\beta = \frac{\operatorname{tg} b}{\sin a}.$$

c) Zwei Winkel und eine Seite

sind verbunden durch je eine der drei Gleichungen

$$\text{(IV, 1, 2)}\quad \cos\alpha = \sin\beta\cos a,\quad \cos\beta = \sin\alpha\cos b,$$

$$\text{(IV, 3)}\quad \cot\alpha = \operatorname{tg}\beta\cos c.$$

Nach (II, 1), (II, 3) und (III, 3) ist nämlich:

$$\cos\alpha = \frac{\sin b}{\cos b}\cdot\frac{\cos c}{\sin c} = \frac{\sin b}{\sin c}\cdot\frac{\cos c}{\cos b},$$

$$\cot\alpha\cot\beta = \frac{\sin a}{\operatorname{tg} a}\cdot\frac{\sin b}{\operatorname{tg} b} = \cos a\cos b,$$

woraus nach (II, 2) und (I) die Behauptungen folgen.

d) Die Napiersche Regel.

Irgend drei der fünf Stücke liegen in der durch das Dreieck gegebenen, natürlichen geschlossenen Reihenfolge

$$\ldots\alpha, c, \beta, a, b, \alpha, c, \ldots$$

entweder aneinander, wie α, c, β, oder es liegen zwei von ihnen aneinander und vom dritten getrennt, wie a, b von c. Danach ordnen sich die zehn Formeln zunächst in zwei Gruppen zu je fünfen, und diese lassen sich in folgende, von Napier angegebene Regel zusammenfassen:

Ersetzt man die Katheten durch ihre Komplemente $a^* = 90^0 - a$, $b^* = 90^0 - b$, so ist der Kosinus jedes Stückes das Produkt

1. der Kotangenten der beiden anliegenden,

2. der Sinus der beiden von ihm getrennten Stücke.

Zum Beweise vergleiche man die zehn in dieser Regel enthaltenen Aussagen, z. B. $\cos c = \cot \alpha \cot \beta = \sin a^* \sin b^*$, mit den zehn Formeln (I) bis (IV).

§ 37. Die Auflösung der rechtwinkligen Dreiecke.

a) Die sechs Grundaufgaben; Zahl der Lösungen.

Man findet, wenn gegeben sind:

1. a, b: α, β, c aus (II, 3), (III, 3), (I);
2. α, b: a, c, β aus (II, 3, 1), (IV, 2);
3. α, c: a, b, β aus (II, 2, 1), (IV, 3);
4. α, β: a, b, c aus (IV, 1, 2, 3);
5. a, c: α, β, b aus (II, 2), (III, 1), (I);
6. a, α: β, b, c aus (IV, 1), (II, 3, 2).

In den Aufgaben 1, 2, 4 sind alle gesuchten Stücke, in 3 und 5 sind b und β durch ihre Kosinus oder Tangenten, also eindeutig bestimmt. In 3 ist a, in 5 ist α zwar durch den Sinus, gleichwohl aber eindeutig bestimmt auf Grund des Satzes:

(V) Eine Kathete und ihr Gegenwinkel sind zugleich spitz oder stumpf.

Nach (II, 3) haben nämlich $\operatorname{tg} a$ und $\operatorname{tg} \alpha$ dasselbe Vorzeichen, weil $\sin b$ stets positiv ist.

Die Aufgabe 6 ist die einzige mit zwei Lösungen; denn $\triangle$ und $\triangle_1$ stimmen in den Stücken $a_1 = a$, $\alpha_1 = \alpha$ überein, während die übrigen entsprechenden supplementär sind. In der Tat werden β, b und c durch ihre Sinus bestimmt. Nach (V) gehört zu dem spitzen Wert von b der spitze von β. Der zugehörige Wert von c ist bestimmt auf Grund des Satzes:

(VI) **Die Hypotenuse ist spitz, wenn beide Katheten zugleich spitz oder stumpf sind. Sie ist stumpf, wenn die eine Kathete spitz, die andere stumpf ist.**

Denn nach (I) ist $\cos c$ positiv, wenn $\cos a$ und $\cos b$ gleiche, dagegen negativ, wenn sie entgegengesetzte Vorzeichen haben.

b) Bedingungen für die gegebenen Stücke

entstehen nur, wenn eines der gesuchten bestimmt wird durch seinen Sinus, der kleiner als 1, oder seinen Kosinus, dessen Absolutwert kleiner als 1 sein muß. In den drei ersten Aufgaben sind diese Bedingungen (für $\cos c$, $\cos\beta$, $\sin a$) offensichtlich stets erfüllt. Zur Diskussion der Fälle 4, 5, 6 beschränken wir uns wieder auf die Annahme (§ 36a), daß b und c, nach (V) und (VI) also auch a, α, β spitz sind[1]). Wir erhalten dann im Falle 4 die Bedingungen: $\cos\alpha < \sin\beta$, $\cos\beta < \sin\alpha$, $\cot\alpha < \operatorname{tg}\beta$, für die wir schreiben können:

$$\sin(90^0 - \alpha) < \sin\beta, \ \cos(90^0 - \alpha) > \cos\beta, \ \operatorname{tg}(90^0 - \alpha) < \operatorname{tg}\beta .$$

Sie bedeuten übereinstimmend, daß $90^0 - \alpha < \beta$, d. h.:

(VII, 1) $$\alpha + \beta > 90^0$$

---

[1]) Diese Zurückführung auf das kleinste der vier Dreiecke $\triangle$, $\triangle_1$, $\triangle_2$, $\triangle_3$ erfolgt beim praktischen Rechnen ganz von selbst, weil man in die Tafel ohnehin mit den spitzen Supplementen stumpfer Stücke eingehen muß.

ist. Völlig analog erhalten wir für die Fälle 5 und 6:

(VII, 2, 3) $a < c, \quad a < \alpha$

(VII) In einem rechtwinkligen Dreieck mit spitzen Stücken ist die Summe der beiden Winkel größer als 90° und jede Kathete kleiner als ihr Gegenwinkel und als die Hypotenuse.

Beachten wir, daß in den Fällen 1, 2, 3 zwei benachbarte, in 4, 5, 6 zwei getrennte Stücke gegeben sind, und daß wir für (VII, 2, 3) schreiben können

$$c + a^* > 90^0, \quad \alpha + a^* > 90^0,$$

so können wir auch sagen:

(VIII) Zwei benachbarte der fünf Stücke α, c, β, a^*, b^* dürfen zwischen 0° und 90° ganz beliebig, zwei getrennte aber nur so gewählt werden, daß ihre Summe 90° übersteigt.

Anmerkung 1. Die Verallgemeinerung der Bedingungen (VII, 1, 2, 3) auf beliebige rechtwinklige Dreiecke lautet:

(IX, 1) $90^\circ < \alpha + \beta < 270^\circ, \quad -90^\circ < \alpha - \beta < +90^\circ$.

(IX, 2, 3) c und α müssen näher an 90° liegen als a; d. h. c muß zwischen a und $180^\circ - a$, α zwischen a und 90° liegen.

Anmerkung 2. Da die sechs Grundaufgaben der Reihe nach Sonderfälle ($\gamma = 90^\circ$) der Aufgaben 2, 2', 3', 1', 3, 3' in § 35a sind, ergeben sich die Lösbarkeitsbedingungen auch aus § 35b; z. B. ist (VII, 1) die Bedingung $\varepsilon > 0$. Die Herleitung von (VII, 2, 3) auf diesem Wege mag zur Übung versucht werden.

§ 38. Geometrische Ergänzungen.

a) Spitze Katheten.

Es sei Δ unter den vier Dreiecken Δ, Δ_1, Δ_2, Δ_3 dasjenige mit spitzen Katheten. Wir zeigen rein geometrisch, daß dann auch α, β und c spitz sind. Wir tragen von C und A auf CB und AB nach B hin Quadranten $CB_1 = AC_1 = 90^\circ$ ab.

Weil $\gamma = 90^\circ$, ist B_1 ein Pol von AC, also $B_1A = \sphericalangle B_1AC = 90^\circ$. Weil $BC = a$ spitz, liegt B zwischen C und B_1, daher BA im Innern des rechten Winkels B_1AC; es ist also $\alpha = \sphericalangle BAC$ spitz. Analog ist β spitz, weil b spitz ist. Ferner wird B_1C_1 die Polare von A $(AB_1 = AC_1 = 90^\circ)$, also $\sphericalangle AB_1C_1 = \sphericalangle AC_1B_1 = 90^\circ$. Weil $\sphericalangle AB_1C = AC = b$ spitz, liegt B_1C_1 außerhalb des Dreiecks AB_1C, daher C_1 auf der Verlängerung von AB, d. h. $AB = c$ ist spitz (kleiner als $AC_1 = 90^\circ$), w. z. b. w.

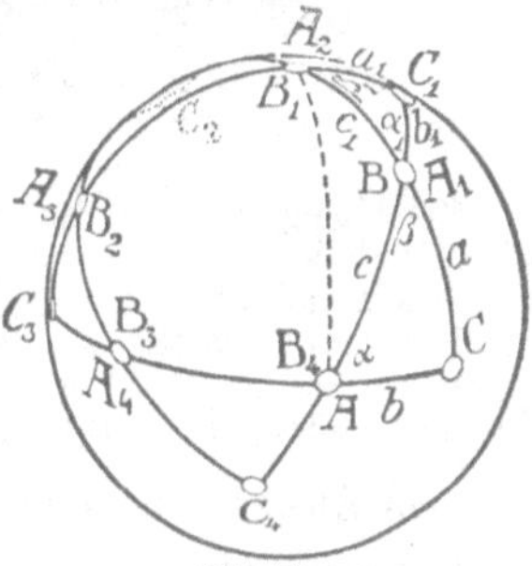

Fig. 52.

Durch Betrachtung der Nebendreiecke, in denen hiernach a_1, α_1, b_2, β_2 und c_3 spitz, alle andern Stücke stumpf sind, folgen die Sätze (V), (VI).

b) Der Vertauschungssatz.

Die Napiersche Regel handelt nur von der Anordnung der fünf Stücke α, c, β, a^*, b^*, nicht von ihrer geometrischen Bedeutung; sie läßt es z. B. dahingestellt, welches Stück die Hypotenuse ist[1]). Vertauscht man daher die Werte der Stücke „zyklisch", d. h. unter Beibehaltung ihrer geschlossenen Reihenfolge, so gehören sie wiederum einem rechtwinkligen Dreieck an. Dieser merkwürdige „Vertauschungssatz" läßt sich aus der Figur 52 unmittelbar ablesen. Wir bezeichnen B mit A_1 und die Stücke des bei C_1 rechtwinkligen Dreiecks $A_1B_1C_1$ (also jetzt nicht die Stücke von Δ_1) mit α_1, c_1, β_1, a_1, b_1; dann ist offenbar:

$$\alpha_1 = \beta\,, \quad c_1 = a^*\,, \quad \beta_1 = b^*\,, \quad a_1^* = \alpha\,, \quad b_1^* = c\,;$$

das Dreieck $A_1B_1C_1$ hat also zahlenmäßig dieselben, nur in ihrer geometrischen Bedeutung zyklisch vertauschten Stücke, wie ABC. Durch Wiederholung des Verfahrens erhalten wir alle über-

[1]) Vorausgesetzt, daß wieder a, b spitz, also a^*, b^* positiv sind. Negative Stücke können nur Kathetenkomplemente sein.

haupt möglichen zyklischen Vertauschungen, wie folgende Übersicht (vgl. Fig. 52) zeigt:

$$\begin{aligned}
\alpha &= a_1^* = c_2 = b_3^* = \beta_4 = \alpha_5\,,\\
c &= b_1^* = \beta_2 = \alpha_3 = a_4^* = c_5\,,\\
\beta &= \alpha_1 = a_2^* = c_3 = b_4^* = \beta_5\,,\\
a^* &= c_1 = b_2^* = \beta_3 = \alpha_4 = a_5^*\,,\\
b^* &= \beta_1 = \alpha_2 = a_3^* = c_4 = b_5^*\,.
\end{aligned}$$

Zur Übung möge der Leser beweisen, daß $A_5B_5C_5$ mit ABC identisch ist, also nicht nur in den Stücken, sondern auch in den Ecken mit ABC übereinstimmt.

Einen stereometrischen Beweis des Vertauschungssatzes erhält man durch Betrachtung der Ecke S in Fig. 51. Sie weist dieselben Stücke wie $A_1B_1C_1$ auf.

c) Anwendungen des Vertauschungssatzes.

Beschränkt man sich auch weiterhin auf Dreiecke mit spitzen Stücken, so reduzieren sich die sechs Grundaufgaben des § 37 auf zwei, je nachdem die gegebenen Stücke benachbart (1, 2, 3) oder getrennt (4, 5, 6) sind. Dies kommt bereits in Satz (VIII) klar zum Ausdruck, wobei noch darauf hingewiesen sei, daß die Sätze (VII, 2, 3) aus (VII, 1) durch zyklische Vertauschung hervorgehen.

Der Vertauschungssatz ergibt mit einer der zehn Grundformeln die Napiersche Regel. Aus (I) folgen z. B. durch zyklische Vertauschung die Formeln (II, 2), (III, 2), (IV, 1, 2). Aus (I), (IV, 2) und (II, 2) aber erhält man durch Elimination von $\cos b$ und $\sin\alpha$ unmittelbar (III, 1) und hieraus durch zyklische Vertauschung (III, 3), (II, 1, 3) und (IV, 3).

Neuntes Kapitel.

Das schiefwinklige sphärische Dreieck.

§ 39. Die ganzen Winkel und Seiten.

a) Die Nebendreiecke.

Die in diesem Paragraphen abzuleitenden Formeln brauchen nur für eines der vier Dreiecke $\triangle$, $\triangle_1$, $\triangle_2$, $\triangle_3$

abgeleitet zu werden, da sie in sich selbst übergehen, wenn man etwa a, α, b, β durch ihre Supplemente ersetzt. Daher kann die Bezeichnung derart getroffen werden, daß die sphärische Höhe h_c ins Innere von $\triangle$ fällt. Die Zeichen H_c, a_c, b_c haben dieselbe Bedeutung, wie in der ebenen Geometrie; es ist insbesondere $c = a_c + b_c$.

b) Der Sinussatz: Die Sinus der Seiten verhalten sich wie die Sinus ihrer Gegenwinkel:

$$\sin a : \sin b : \sin c = \sin\alpha : \sin\beta : \sin\gamma,$$
$$\sin a : \sin\alpha = \sin b : \sin\beta = \sin c : \sin\gamma.$$

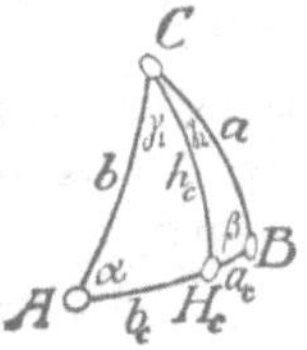

Fig. 53.

Aus den bei H_c rechtwinkligen Dreiecken BCH_c, ACH_c folgt nach § 36 (II, 2) die Höhenformel:

$$\sin h_c = \sin a \sin\beta = \sin b \sin\alpha,$$

und daraus $\sin a : \sin\alpha = \sin b : \sin\beta$.

Anmerkung 1. Stereometrischer Beweis. Man wende die identische Gleichung

$$(SR:SO):(SQ':SP) = (SP:SO):(SQ':SR)$$

auf Fig. 49 an; die Brüche sind die Sinus von a, α, c, γ.

Anmerkung 2. Die Größen $M = \sin a : \sin\alpha$ und $S = \sin a \sin b \sin c : M = \sin a \sin b \sin\gamma = \sin a \sin h_a$ usw. heißen „Modul" und „Eckensinus" des Dreiecks ABC oder des zugehörigen Dreikants. Sie haben für die Nebendreiecke $A'BC$ usw. denselben Wert. Geometrisch bedeutet $R^3 S$ den sechsfachen Inhalt des Tetraeders $OABC$. Allgemein ist der Inhalt eines beliebigen Tetraeders gleich einem Sechstel des Produktes aus dem Eckensinus einer Ecke und den drei von ihr ausgehenden Kanten. (Beweis leicht aus Fig. 49.)

c) Der erste Kosinussatz:

$$\cos a = \cos b \cos c + \sin b \sin c \cos\alpha.$$

Nach dem sphärischen Pythagoras ist

$$\cos a_c \cos h_c = \cos a, \quad \cos b_c \cos h_c = \cos b.$$

Nach Elimination von $\cos h_c$ folgt:

$$\cos b_c \cos a = \cos b \cos a_c = \cos b \cos (c - b_c);$$

Entwickeln wir hierin $\cos (c - b_c)$ nach § 20 und dividieren beiderseits durch $\cos b_c$, so ergibt sich:

$$\cos a = \cos b \cos c + \cos b \sin c \operatorname{tg} b_c,$$

und hieraus mit $\operatorname{tg} b_c = \operatorname{tg} b \cos \alpha$ (§ 36, II, 1) die Behauptung.

Anmerkung 3. Stereometrischer Beweis. In Fig. 48 ist nach dem ebenen Kosinussatz:

$$OS^2 + OT^2 - 2\,OS \cdot OT \cos a = PS^2 + PT^2 - 2\,PS \cdot PT \cos \alpha,$$

nämlich gleich ST^2. Setzen wir hierin

$$OS^2 = OP^2 + PS^2, \quad OT^2 = OP^2 + PT^2,$$

so folgt:

$$\cos a = \frac{OP}{OS} \cdot \frac{OP}{OT} + \frac{PS}{OS} \cdot \frac{PT}{OT} \cos \alpha,$$

und die vier hier auftretenden Kantenverhältnisse haben der Reihe nach die Werte $\cos c$, $\cos b$, $\sin c$, $\sin b$.

d) Der zweite Kosinussatz:

$$\cos \alpha = -\cos \beta \cos \gamma + \sin \beta \sin \gamma \cos a$$

ergibt sich aus dem ersten durch „Polarisation“, indem man a, b, c, α durch die Stücke $\bar{a}, \bar{b}, \bar{c}, \bar{\alpha}$ des Polardreiecks ersetzt. Es wird $\cos \bar{a} = -\cos \alpha$, $\cos \bar{b} = -\cos \beta$, $\sin \bar{b} = \sin \beta$ usw.

Anmerkung 4. Direkter Beweis. Wir setzen $\sphericalangle ACH_c = \gamma_1$, $\sphericalangle BCH_c = \gamma_2$ (Fig. 53); dann folgt nach § 36, (IV, 1):

$$\cos \alpha = \cos h_c \sin \gamma_1, \quad \cos \beta = \cos h_c \sin \gamma_2,$$

und nach Elimination von $\cos h_c$:

$$\sin \gamma_2 \cos \alpha = \cos \beta \sin \gamma_1 = \cos \beta \sin (\gamma - \gamma_2),$$

$$\cos \alpha = -\cos \beta \cos \gamma + \cos \beta \sin \gamma \cot \gamma_2,$$

und hieraus mit $\cot \gamma_2 = \operatorname{tg} \beta \cos a$ (§ 36, IV, 3) die Behauptung.

e) Rechnerische Herleitung des zweiten Kosinussatzes.

Durch Elimination von $\cos a$ aus den zu α und β gehörigen Formeln des ersten Kosinussatzes erhalten wir nach leichter Vereinfachung die sphärische „Kosinusformel“:

(I) $\qquad \cos b \sin c = \sin a \cos \beta + \sin b \cos c \cos \alpha .$

Solcher Formeln gibt es sechs, darunter die folgende:

(I′) $\qquad \cos b \sin a = \sin c \cos \beta + \sin b \cos a \cos \gamma .$

Sie geht nach Division durch M ($\sin a : M = \sin \alpha$ usw.) und Umordnung der Glieder über in die zu (I) polare Formel:

(II) $\qquad \cos \beta \sin \gamma = \sin \alpha \cos b - \sin \beta \cos \gamma \cos a .$

Auch solcher Formeln gibt es sechs, darunter:

(II′) $\qquad \cos \alpha \sin \gamma = \sin \beta \cos a - \sin \alpha \cos \gamma \cos b .$

Eliminiert man aus (II, II′) $\cos b$, so entsteht der zweite Kosinussatz.

f) Der Kotangentensatz:

$$\sin c \cot b - \sin \alpha \cot \beta = \cos c \cos \alpha$$

entsteht aus (I), wenn man durch $\sin b$ dividiert und $\sin a : \sin b$ durch $\sin \alpha : \sin \beta$ ersetzt. Von den sechs Formeln des Kotangentensatzes sind je zwei zueinander polar, was man leicht an der Schreibweise erkennt:

$$\sin c \cot b + \sin \bar{a} \cot \bar{b} + \cos c \cos \bar{a} = 0 .$$

§ 40. Die halben Winkel und Seiten.

a) Die halben Winkel.

Drücken wir im ersten Kosinussatz $\cos \alpha$ nach § 24 (XXI, 4, 5) durch $\cos \frac{1}{2}\alpha$ oder $\sin \frac{1}{2}\alpha$ aus, so erhalten wir mit §§ 20, 22 (vgl. § 26, a):

$$\begin{aligned} 2 \sin b \sin c \cos^2 \tfrac{1}{2}\alpha &= \cos a - \cos b \cos c + \sin b \sin c \\ &= \cos a - \cos(b + c) = 2 \sin s \sin s_a \\ 2 \sin b \sin c \sin^2 \tfrac{1}{2}\alpha &= -\cos a + \cos b \cos c + \sin b \sin c \\ &= -\cos a + \cos(b - c) = 2 \sin s_b \sin s_c . \end{aligned}$$

$$\binom{\text{III},}{1,2} \cos\tfrac{1}{2}\alpha = \sqrt{\frac{\sin s \sin s_a}{\sin b \sin c}}, \quad \sin\tfrac{1}{2}\alpha = \sqrt{\frac{\sin s_b \sin s_c}{\sin b \sin c}}$$

Durch Multiplikation folgt hieraus der Sinussatz in der Form:

$$\text{(IV)} \qquad \sin\alpha = \frac{2\sqrt{\sin s \sin s_a \sin s_b \sin s_c}}{\sin b \sin c},$$

und durch Division die Tangentenformel:

$$\text{(V)} \qquad \operatorname{tg}\tfrac{1}{2}\alpha = \sqrt{\frac{\sin s_b \sin s_c}{\sin s \sin s_a}} = \frac{k}{\sin s_a},$$

wenn $k = \sqrt{\sin s_a \sin s_b \sin s_c : \sin s}$ gesetzt wird.

b) Die halben Seiten.

Durch Wiederholung der vorangehenden Rechnungen am zweiten Kosinussatz, oder kürzer durch Polarisation von (III) bis (V), folgt:

$$\binom{\text{VI},}{1,2} \sin\tfrac{1}{2}a = \sqrt{\frac{-\cos\sigma\cos\sigma_\alpha}{\sin\beta\sin\gamma}}, \quad \cos\tfrac{1}{2}a = \sqrt{\frac{\cos\sigma_\beta\cos\sigma_\gamma}{\sin\beta\sin\gamma}};$$

$$\text{(VII)} \qquad \sin a = \frac{2\sqrt{-\cos\sigma\cos\sigma_\alpha\cos\sigma_\beta\cos\sigma_\gamma}}{\sin\beta\sin\gamma};$$

$$\text{(VIII)} \qquad \cot\tfrac{1}{2}a = \sqrt{\frac{\cos\sigma_\beta\cos\sigma_\gamma}{-\cos\sigma\cos\sigma_\alpha}} = \frac{\varkappa}{\cos\sigma_\alpha},$$

wenn $\varkappa = \sqrt{\cos\sigma_\alpha\cos\sigma_\beta\cos\sigma_\gamma : -\cos\sigma}$ gesetzt wird.

Weil alle Seiten und Winkel konkav, ihre Hälften also spitz sind, sind in den Formeln (III) bis (VIII) alle Wurzeln positiv zu ziehen.

c) Geometrische Deutungen.

Die Zähler in (IV) und (VII) sind nach § 39b der Eckensinus S und der „Polareckensinus" $\Sigma = \sin\alpha \sin\beta \sin\gamma = S:M$.

Die Größen k und $\varkappa$ sind $\operatorname{tg}\varrho$ und $\cot r$; denn aus den rechtwinkligen Dreiecken AOU und CMK der Figuren 45, 44 folgt nach § 36 (II, 1, 3): $\operatorname{tg}\frac{1}{2}\alpha = \operatorname{tg}\varrho : \sin s_a$, $\cos\sigma_\alpha = \operatorname{tg}\frac{1}{2}a : \operatorname{tg} r$, und durch Vergleich mit (V, VIII) unsere Behauptung. Aus (V) folgt daher $\operatorname{tg}\varrho \sin s = \frac{1}{2}S$, und durch Übertragung auf die Nebendreiecke und Polarisation (vgl. § 34, Anm. 2 und 5) allgemein:

$$\text{(IX)} \quad \operatorname{tg}\varrho \sin s = \operatorname{tg}\varrho_1 \sin s_a = \operatorname{tg}\varrho_2 \sin s_b = \operatorname{tg}\varrho_3 \sin s_c = \tfrac{1}{2}S,$$

$$\text{(X)} \quad -\cot r \cos\sigma = \cot r_1 \cos\sigma_\alpha = \cot r_2 \cos\sigma_\beta = \cot r_3 \cos\sigma_\gamma = \tfrac{1}{2}\Sigma.$$

Die Ableitung von (X) aus (VIII) erfordert Vorsicht wegen des Vorzeichens; man beachte, daß $\sigma = 90^0 + \frac{1}{2}\varepsilon$ stumpf, also $\cos\sigma$ negativ ist. Übersichtlicher wird die Darstellung durch Einführung der Defekte und Exzesse nach § 34e:

$$\tfrac{1}{2}S = \operatorname{tg}\varrho \sin\tfrac{1}{2}d = \operatorname{tg}\varrho_1 \sin\tfrac{1}{2}d_1 = \sqrt{\sin\tfrac{1}{2}d \sin\tfrac{1}{2}d_1 \sin\tfrac{1}{2}d_2 \sin\tfrac{1}{2}d_3},$$

$$\tfrac{1}{2}\Sigma = \cot r \sin\tfrac{1}{2}\varepsilon = \cot r_1 \sin\tfrac{1}{2}\varepsilon_1 = \sqrt{\sin\tfrac{1}{2}\varepsilon \sin\tfrac{1}{2}\varepsilon_1 \sin\tfrac{1}{2}\varepsilon_2 \sin\tfrac{1}{2}\varepsilon_3}.$$

§ 41. Die Formeln von Mollweide und Napier.

In wörtlicher Analogie mit § 26, b erhalten wir aus den Formeln (III, 1, 2) des vorigen Paragraphen:

$$\text{(XI)} \begin{cases} (1) & \sin c \cos\frac{1}{2}\alpha \cos\frac{1}{2}\beta = \sin s \sin\frac{1}{2}\gamma, \\ (2) & \sin c \sin\frac{1}{2}\alpha \sin\frac{1}{2}\beta = \sin s_c \sin\frac{1}{2}\gamma, \\ (3) & \sin c \sin\frac{1}{2}\alpha \cos\frac{1}{2}\beta = \sin s_b \cos\frac{1}{2}\gamma, \\ (4) & \sin c \cos\frac{1}{2}\alpha \sin\frac{1}{2}\beta = \sin s_a \cos\frac{1}{2}\gamma, \end{cases}$$

und hieraus durch seitenweise Addition und Subtraktion der ersten und zweiten oder der dritten und vierten die sogenannten Mollweideschen[1]) Formeln:

[1]) Sie sind nahezu gleichzeitig und unabhängig auch von Delambre und von Gauß entdeckt worden und werden daher vielfach auch Delambresche oder Gaußsche Formeln genannt.

$$\text{(XII)}\begin{cases}(1)\ \cos\frac{1}{2}(\alpha+\beta):\sin\frac{1}{2}\gamma=\cos\frac{1}{2}(a+b):\cos\frac{1}{2}c,\\(2)\ \cos\frac{1}{2}(\alpha-\beta):\sin\frac{1}{2}\gamma=\sin\frac{1}{2}(a+b):\sin\frac{1}{2}c,\\(3)\ \sin\frac{1}{2}(\alpha+\beta):\cos\frac{1}{2}\gamma=\cos\frac{1}{2}(a-b):\cos\frac{1}{2}c,\\(4)\ \sin\frac{1}{2}(\alpha-\beta):\cos\frac{1}{2}\gamma=\sin\frac{1}{2}(a-b):\sin\frac{1}{2}c.\end{cases}$$

Beispielsweise folgt durch Subtraktion aus (XI, 1, 2):

$$\sin c \cos\tfrac{1}{2}(\alpha+\beta) = (\sin s - \sin s_c)\sin\tfrac{1}{2}\gamma,$$

und hierin ist, weil $s + s_c = a + b$, $s - s_c = c$:

$$\sin s - \sin s_c = 2\sin\tfrac{1}{2}c\cos\tfrac{1}{2}(a+b).$$

Ersetzen wir noch links $\sin c$ durch $2\sin\frac{1}{2}c\cos\frac{1}{2}c$, so folgt (XII, 1).

Durch seitenweise Division erhalten wir aus (XII, 3, 1), (XII, 4, 2), (XII, 2, 1) und (XII, 4, 3) die sogenannten vier Napierschen Analogien[1]):

$$\text{(XIII)}\begin{cases}(1)\ \operatorname{tg}\frac{1}{2}(\alpha+\beta):\cot\frac{1}{2}\gamma=\cos\frac{1}{2}(a-b):\cos\frac{1}{2}(a+b),\\(2)\ \operatorname{tg}\frac{1}{2}(\alpha-\beta):\cot\frac{1}{2}\gamma=\sin\frac{1}{2}(a-b):\sin\frac{1}{2}(a+b),\\(3)\ \operatorname{tg}\frac{1}{2}(a+b):\operatorname{tg}\frac{1}{2}c=\cos\frac{1}{2}(\alpha-\beta):\cos\frac{1}{2}(\alpha+\beta),\\(4)\ \operatorname{tg}\frac{1}{2}(a-b):\operatorname{tg}\frac{1}{2}c=\sin\frac{1}{2}(\alpha-\beta):\sin\frac{1}{2}(\alpha+\beta).\end{cases}$$

Anmerkung 1. Was wird aus den Formeln (XII), (XIII), wenn man sie auf das Polardreieck und die Nebendreiecke anwendet? Für (XII) ist die Antwort besonders einfach aus den abgeänderten Darstellungen (XIV) und (XV) im nächsten Paragraphen zu entnehmen. Wie lauten die Formeln (XIII) in dieser Darstellung?

Anmerkung 2. Unter den zahlreichen mnemotechnischen Hilfsmitteln zur Einprägung der Formeln (XII) ist eines der besten die „vox memorialis" von Oppel (Leitfaden f. d. geom. Unterricht, 1878): Man vertausche zunächst die Zähler und Nenner und merke sich in dem gemeinsamen Schema

$$* \tfrac{1}{2}\gamma : * \tfrac{1}{2}(\alpha * \beta) = * \tfrac{1}{2}c : * \tfrac{1}{2}(a * b)$$

[1]) „Analogie" ist eine veraltete Bezeichnung für Proportion.

aller vier Formeln lediglich die an Stelle der Sterne zu setzenden Funktions- und Vorzeichen mittels der Abkürzungen **co**(sinus), **si**(nus), **p**(lus), **m**(inus). Von den abgekürzten „Gleichungen" sicop = cocop, sicom = sisip, cosip = cocom, cosim = sisim genügt es, eine zu behalten, z. B. die durch ihren lächerlichen Beiklang ausgezeichnete erste; die andern entstehen daraus, indem man auf einer Seite co mit si, auf der andern p mit m vertauscht. Auf welcher Gleichungsseite die Winkel oder Seiten stehen, ist durch Stichproben (z. B. $a + b = c$, $\alpha = \beta = 0$, $\gamma = 180^0$) oder nach § 46 leicht zu entscheiden und zu kontrollieren.

Anmerkung 3. Aus (XI, 1, 4) folgt analog wie in § 26 d, indem man $\sin c = M \sin\gamma = 2M \sin\frac{1}{2}\gamma \cos\frac{1}{2}\gamma$ setzt:

$$\sin s = 2M \cos\tfrac{1}{2}\alpha \cos\tfrac{1}{2}\beta \cos\tfrac{1}{2}\gamma, \quad \sin s_a = 2M \cos\tfrac{1}{2}\alpha \sin\tfrac{1}{2}\beta \sin\tfrac{1}{2}\gamma.$$

Drückt man statt dessen $\sin c$ nach (VII) und s, s_a durch d, d_1 aus, so erhält man nach einfacher Umformung:

$$\sin\tfrac{1}{2}d = \Sigma : 4 \sin\tfrac{1}{2}\alpha \sin\tfrac{1}{2}\beta \sin\tfrac{1}{2}\gamma,$$
$$\sin\tfrac{1}{2}d_1 = \Sigma : 4 \sin\tfrac{1}{2}\alpha \cos\tfrac{1}{2}\beta \cos\tfrac{1}{2}\gamma$$

Die polaren Formeln hierzu lauten:

$$\sin\tfrac{1}{2}\varepsilon = S : 4 \cos\tfrac{1}{2}a \cos\tfrac{1}{2}b \cos\tfrac{1}{2}c,$$
$$\sin\tfrac{1}{2}\varepsilon_1 = S : 4 \cos\tfrac{1}{2}a \sin\tfrac{1}{2}b \sin\tfrac{1}{2}c.$$

Durch Vergleich mit § 40, c, ergibt sich u. a.:

$$\operatorname{tg} \varrho = 2M \sin\tfrac{1}{2}\alpha \sin\tfrac{1}{2}\beta \sin\tfrac{1}{2}\gamma = \Sigma : 4 \cos\tfrac{1}{2}\alpha \cos\tfrac{1}{2}\beta \cos\tfrac{1}{2}\gamma.$$
$$\operatorname{tg} r = 4 \sin\tfrac{1}{2}a \sin\tfrac{1}{2}b \sin\tfrac{1}{2}c : S = \operatorname{tg}\tfrac{1}{2}a \operatorname{tg}\tfrac{1}{2}b \operatorname{tg}\tfrac{1}{2}c : \sin\tfrac{1}{2}\varepsilon.$$

§ 42. Die Formeln von L'Huilier und Serret.

Aus den Beziehungen $a + b = s + s_c$, $a - b = s_b - s_a$, $c = s - s_c = s_b + s_a$ und den analogen für die Winkel folgt nach § 34 d (VI, 1, 3):

$$\begin{aligned}
\tfrac{1}{2}(a + b) &= 90^0 - \tfrac{1}{4}(d - d_3), & \tfrac{1}{2}c &= 90^0 - \tfrac{1}{4}(d + d_3);\\
\tfrac{1}{2}(a - b) &= \tfrac{1}{4}(d_2 - d_1), & \tfrac{1}{2}c &= \tfrac{1}{4}(d_2 + d_1);\\
\tfrac{1}{2}(\alpha + \beta) &= 90^0 - \tfrac{1}{4}(\varepsilon_3 - \varepsilon), & \tfrac{1}{2}\gamma &= \tfrac{1}{4}(\varepsilon_3 + \varepsilon);\\
\tfrac{1}{2}(\alpha - \beta) &= \tfrac{1}{4}(\varepsilon_1 - \varepsilon_2), & \tfrac{1}{2}\gamma &= 90^0 - \tfrac{1}{4}(\varepsilon_1 + \varepsilon_2).
\end{aligned}$$

Dadurch erhalten die Mollweideschen Formeln die Gestalt:

$$(\text{XIV})\begin{cases}(1)\ \sin\tfrac{1}{4}(\varepsilon_3-\varepsilon):\sin\tfrac{1}{4}(\varepsilon_3+\varepsilon)=\sin\tfrac{1}{4}(d-d_3):\sin\tfrac{1}{4}(d+d_3),\\(2)\ \cos\tfrac{1}{4}(\varepsilon_1-\varepsilon_2):\cos\tfrac{1}{4}(\varepsilon_1+\varepsilon_2)=\cos\tfrac{1}{4}(d-d_3):\cos\tfrac{1}{4}(d+d_3),\\(3)\ \cos\tfrac{1}{4}(\varepsilon_3-\varepsilon):\cos\tfrac{1}{4}(\varepsilon_3+\varepsilon)=\cos\tfrac{1}{4}(d_2-d_1):\cos\tfrac{1}{4}(d_2+d_1),\\(4)\ \sin\tfrac{1}{4}(\varepsilon_1-\varepsilon_2):\sin\tfrac{1}{4}(\varepsilon_1+\varepsilon_2)=\sin\tfrac{1}{4}(d_2-d_1):\sin\tfrac{1}{4}(d_2+d_1),\end{cases}$$

oder, nach § 23a (XV, 2, 4), S. 69, wenn wir die Tangenten der Vierteldefekte und Viertelexzesse vorübergehend mit t, t_1, t_2, t_3 und $\tau, \tau_1, \tau_2, \tau_3$ abkürzen:

$$\frac{\tau_3-\tau}{\tau_3+\tau}=\frac{t-t_3}{t+t_3},\quad \frac{1+\tau_1\tau_2}{1-\tau_1\tau_2}=\frac{1+tt_3}{1-tt_3},$$

$$\frac{1+\tau\tau_3}{1-\tau\tau_3}=\frac{1+t_1t_2}{1-t_1t_2},\quad \frac{\tau_1-\tau_2}{\tau_1+\tau_2}=\frac{t_2-t_1}{t_2+t_1},$$

und schließlich, nach Beseitigung der Brüche:

$$(\text{XV}, 1, 2)\qquad \tau t=\tau_3 t_3,\quad \tau_1\tau_2=tt_3,$$

$$(\text{XV}, 3, 4)\qquad \tau\tau_3=t_1t_2,\quad \tau_1 t_1=\tau_2 t_2.$$

Aus diesen umgeformten Mollweideschen Gleichungen entstehen nun durch seitenweise Multiplikation je zwei über- oder nebeneinanderstehender die folgenden Formeln:

$$(\text{XVI}, 0)\qquad \mathrm{tg}^2\tfrac{1}{4}\varepsilon=\cot\tfrac{1}{4}d\ \mathrm{tg}\tfrac{1}{4}d_1\ \mathrm{tg}\tfrac{1}{4}d_2\ \mathrm{tg}\tfrac{1}{4}d_3,$$

$$(\text{XVI}, 1)\qquad \mathrm{tg}^2\tfrac{1}{4}\varepsilon_1=\mathrm{tg}\tfrac{1}{4}d\ \cot\tfrac{1}{4}d_1\ \mathrm{tg}\tfrac{1}{4}d_2\ \mathrm{tg}\tfrac{1}{4}d_3,$$

$$(\text{XVII}, 0)\qquad \mathrm{tg}^2\tfrac{1}{4}d=\cot\tfrac{1}{4}\varepsilon\ \mathrm{tg}\tfrac{1}{4}\varepsilon_1\ \mathrm{tg}\tfrac{1}{4}\varepsilon_2\ \mathrm{tg}\tfrac{1}{4}\varepsilon_3,$$

$$(\text{XVII}, 1)\qquad \mathrm{tg}^2\tfrac{1}{4}d_1=\mathrm{tg}\tfrac{1}{4}\varepsilon\ \cot\tfrac{1}{4}\varepsilon_1\ \mathrm{tg}\tfrac{1}{4}\varepsilon_2\ \mathrm{tg}\tfrac{1}{4}\varepsilon_3,$$

und vier analoge für $\varepsilon_2, \varepsilon_3, d_2, d_3$. Die erste ist von L'Huilier in der abgeänderten Schreibweise (vgl. § 34, d, VI, 1):

$$(\text{XVIII})\qquad \mathrm{tg}\tfrac{1}{4}\varepsilon=\sqrt{\mathrm{tg}\tfrac{1}{2}s\ \mathrm{tg}\tfrac{1}{2}s_a\ \mathrm{tg}\tfrac{1}{2}s_b\ \mathrm{tg}\tfrac{1}{2}s_c},$$

die übrigen sind von Serret in ähnlichen, für (XVII) höchst unübersichtlichen Darstellungen angegeben worden.

Anmerkung. Sämtliche Rechnungen sind umkehrbar, führen also auch von den L'Huilier-Serretschen Formeln wieder zu den Mollweideschen zurück. Das vollständige System der Gleichungen (XV) lautet:

$$\tau\tau_1=t_2t_3,\ \tau\tau_2=t_3t_1,\ \tau\tau_3=t_1t_2,\ \tau_2\tau_3=tt_1,\ \tau_3\tau_1=tt_2,\ \tau_1\tau_2=tt_3.$$

Hieraus folgt noch

$$\tau t=\tau_1 t_1=\tau_2 t_2=\tau_3 t_3=\sqrt{\tau\tau_1\tau_2\tau_3}=\sqrt{tt_1t_2t_3},$$

und nach § 34 (VI, 2, 4) ist außerdem:

$$tt_1 + tt_2 + tt_3 + t_3t_1 + t_1t_2 + t_2t_3 = tt_1t_2t_3 + 1,$$

$$\tau\tau_1 + \tau\tau_2 + \tau\tau_3 + \tau_3\tau_1 + \tau_1\tau_2 + \tau_2\tau_3 = \tau\tau_1\tau_2\tau_3 + 1.$$

§ 43. Die Auflösung der schiefwinkligen Dreiecke.

Die Lösbarkeitsbedingungen und Determinationen der sechs Grundaufgaben sind bereits in § 35, b entwickelt; wir haben uns nur noch mit der Rechnung zu befassen. Bei jedem Lösungsweg ist angegeben: die Zahl $\mathfrak{a}$ der Tafelablesungen, und die Zahl $\mathfrak{b}$ der verschiedenen Stellen, an denen sie erfolgen (Anzahl der Blätterungen); beispielsweise erfordern log sin und log cos desselben Winkels zwei Ablesungen, aber eine Blätterung.

Aufgabe 1. Gegeben a, b, c. Man findet α, β, γ:

a) Nach dem ersten Kosinussatz:

$$\cos\alpha = (\cos a - \cos b \cos c) : \sin b \sin c,$$

analog $\cos\beta$, $\cos\gamma$. Dieses Verfahren empfiehlt sich nicht, weil es keine durchgehende logarithmische Rechnung gestattet und daher sehr viele Ablesungen erfordert. ($\mathfrak{a} = 18$, $\mathfrak{b} = 15$; bei Verwendung von Hilfswinkeln, § 53, oder sog. Additionslogarithmen: $\mathfrak{a} = 12$, $\mathfrak{b} = 9$.)

b) Nach § 40, (III, 1) oder (III, 2) oder (IV). In allen drei Fällen ist durchgehende Logarithmierung möglich und $\mathfrak{a} = \mathfrak{b} = 10$; doch ist Formel (IV) unzweckmäßig, weil die Winkel zweideutig bestimmt werden und die Entscheidung zwischen spitz und stumpf nicht so einfach getroffen werden kann, wie in der ebenen Geometrie mittels des Winkelsummensatzes.

Bei doppelter Berechnung der Winkel aus (III, 1) und (III, 2) zugleich wird $\mathfrak{a} = 13$, $\mathfrak{b} = 10$, und man erhält drei Proben.

c) Nach der Tangentenformel, § 40, (V). Hierbei wird $\mathfrak{a} = \mathfrak{b} = 7$, weil nur s, s_a, s_b, s_c, nicht, wie zuvor, auch a, b, c benutzt werden. Doch erfordert jede Probe mindestens drei weitere Aufschlagungen, der Sinussatz z. B. vier.

d) Nach den L'Huilier-Serretschen Formeln § 42, (XVI). Zur Bestimmung von α, β, γ genügt die Berechnung dreier Exzesse, z. B. ε_1, ε_2, ε_3 (§ 34, e, VI, 3), wobei $\mathfrak{a} = \mathfrak{b} = 7$ wird. Berechnet man alle vier Exzesse, so wird $\mathfrak{a} = \mathfrak{b} = 8$ und man erhält die Probe (§ 34, e, VI, 4):

$$\varepsilon + \varepsilon_1 + \varepsilon_2 + \varepsilon_3 = 360^0.$$

Dieses Verfahren ist daher am empfehlenswertesten.

Aufgabe 1'. Gegeben α, β, γ. Man findet a, b, c nach § 39, d, § 40, b oder mit den L'Huilier-Serretschen Formeln (XVII). Weil diese Aufgabe zu Aufgabe 1 polar ist, gilt über $\mathfrak{a}$, $\mathfrak{b}$ das oben Gesagte in sinngemäßer Übertragung.

Aufgabe 2. Gegeben a, b, γ. Man findet c nach dem ersten Kosinus-, sodann α, β nach dem Sinussatz ($\mathfrak{a} = 12$, $\mathfrak{b} = 9$)[1]. Der gedanklichen Einfachheit dieser Methode wegen möge sie der Leser trotz ihrer Unbequemlichkeit an einem Beispiel durchführen.

Um durchgehende Logarithmierung zu erhalten, berechne man zuerst $\frac{1}{2}(\alpha + \beta)$ und $\frac{1}{2}(\alpha - \beta)$ aus den Napierschen Analogien (XIII, 1, 2), sodann c aus irgendeiner der Mollweideschen Formeln ($\mathfrak{a} = 9$, $\mathfrak{b} = 6$), oder, um eine Probe zu erhalten, aus zweien, und zwar entweder (XII, 1, 2) oder (XII, 3, 4) ($\mathfrak{a} = 10$, $\mathfrak{b} = 6$).

Anmerkung 1. Die Probe aus einem andern Paar der Mollweideschen Formeln erfordert eine Ablesung mehr und ist auch aus einem andern Grunde unzweckmäßig (man beachte den Zusammenhang der Mollweideschen Formeln mit den Napier-

[1]) Bei Verwendung der Additions- und Subtraktionstafel: $\mathfrak{a} = 10$ $\mathfrak{b} = 7$. Vgl. auch § 53, Beispiel 8.

schen). Die Berechnung von c kann außerdem mittels des Sinussatzes oder der Napierschen Formeln (XIII, 3, 4) erfolgen, wobei aber wiederum mehr Ablesungen notwendig werden.

Aufgabe 2′. Gegeben c, α, β. Man findet γ aus dem zweiten Kosinus-, sodann a, b aus dem Sinussatz. Logarithmisch bequemer ist es, zunächst $\frac{1}{2}(a \pm b)$ aus (XIII, 3, 4), sodann γ aus (XII) zu berechnen ($\mathfrak{a}$, $\mathfrak{b}$ wie in der polaren Aufgabe 2).

Aufgabe 3. Gegeben a, b, α.

Aufgabe 3′. Gegeben a, β, α.

Man findet zunächst β bzw. b nach dem Sinussatz:

$$\text{(XIX)} \qquad \sin\beta = \frac{\sin b \cdot \sin\alpha}{\sin a}, \qquad \sin b = \frac{\sin\beta \cdot \sin a}{\sin\alpha}.$$

Nunmehr kennen wir in beiden Aufgaben a, b, α, β; die weitere Behandlung ist also eine gemeinschaftliche. Wir finden aus den rechtwinkligen Teildreiecken $CH_c A$, $CH_c B$ (Fig. 53, § 39 b) nach § 37:

$$\text{(XX)} \qquad \begin{aligned} \operatorname{tg} b_c &= \operatorname{tg} b \cdot \cos\alpha, & \operatorname{tg} a_c &= \operatorname{tg} a \cdot \cos\beta, \\ \cot\gamma_1 &= \operatorname{tg}\alpha \cdot \cos b, & \operatorname{tg}\gamma_2 &= \operatorname{tg}\beta \cdot \cos a, \end{aligned}$$

und nunmehr $c = b_c \pm a_c$, $\gamma = \gamma_1 \pm \gamma_2$.

Zum Zweck der Determination führen wir die Aufgabe 3′ durch Übergang zum Polardreieck auf 3 und diese nötigenfalls durch Übergang zu einem Nebendreieck auf den Fall spitzer[1]) Seiten a, b zurück.

Damit sich zunächst aus (XIX) nicht $\sin\beta$ größer als 1 ergibt — in welchem Falle überhaupt kein Dreieck mit den vorgeschriebenen Stücken existiert, — muß

$$\text{(XXI)} \qquad \sin b \sin\alpha \leqq \sin a$$

[1]) Sollte unter den gegebenen Stücken ein Quadrant vorkommen, so ist das Dreieck selbst oder sein Polardreieck rechtwinklig und einfacher nach § 37 zu behandeln.

sein. Diese Bedingung ist auf Grund der Höhenformel $\sin b \sin \alpha = \sin h_c$ (§ 39, b) mit der bereits in § 35b aufgestellten Forderung $h_c \leqq a$ identisch. Sie ist sicher erfüllt, wenn $b \leqq a$, also der gegebene Winkel der größeren Seite gegenüberliegt. Ist $b > a$, so muß notwendig α, als der kleineren Seite gegenüberliegend, spitz sein, und nur in diesem Falle kommt (XXI) als weitere Bedingung in Betracht; im Falle $b > a$, $\alpha > 90^0$ existiert keine Lösung der Aufgabe, ganz gleich, ob (XXI) erfüllt ist oder nicht.

Zu dem aus (XIX) berechneten Werte von $\sin \beta$ gehört erstens der spitze[1]) Tafelwert β, zweitens dessen stumpfes Supplement $\beta' = 180^0 - \beta$. Im Falle $b \leqq a$ ist nur β, im Falle $b > a$, $\alpha < 90^0$ sind β und β' brauchbar. Zu β gehören die Werte

$$c = b_c + a_c, \quad \gamma = \gamma_1 + \gamma_2,$$

zu β', sofern er brauchbar ist:

$$c' = b_c - a_c, \quad \gamma' = \gamma_1 - \gamma_2.$$

Unabhängig davon, ob nur β oder auch β' brauchbar ist, wird $\mathfrak{a} = 16$, $\mathfrak{b} = 8$.

Anmerkung 2. Da von allen vier Stücken a, b, α, β in (XIX), (XX) alle drei Funktionen sin, cos, tg auftreten, kann man sich auf zwei von diesen, etwa sin und cos, beschränken und dadurch 4 Ablesungen sparen, indem man beispielsweise $\operatorname{tg} b_c$ als $\sin b \cos \alpha : \cos b$ berechnet. Doch wird diese Verringerung von $\mathfrak{a}$ auf 12 durch vermehrte Rechenarbeit ausgeglichen.

Anmerkung 3. Man kann c und γ aus a, b, α, β unmittelbar mittels der Napierschen Analogien oder aus einer von ihnen und einer Mollweideschen Formel bestimmen (z. B. ?). Im ersten Fall wird $\mathfrak{a} = 12$, $\mathfrak{b} = 10$, im zweiten $\mathfrak{a} = 11$, $\mathfrak{b} = 9$, aber nur im Falle einer Lösung. Selbst dann ist das Verfahren trotz des kleineren $\mathfrak{a}$ nicht wesentlich vorteilhafter, als die Zer-

[1]) Von dem Falle $\sin \beta = 1$, $\beta = 90^0$ kann, weil ein rechtwinkliges Dreieck vorliegt, wiederum abgesehen werden.

legung in Teildreiecke, weil die Anzahl $\mathfrak{b}$ der Blätterungen und die Zwischenrechnungen größer sind. Weit unterlegen ist es im Falle zweier Lösungen, wobei $\mathfrak{a} = 16$, $\mathfrak{b} = 12$ wird.

Anmerkung 4. Auch der Kotangentensatz und die Kosinusformeln (§ 39e, f) können zu Dreiecksauflösungen benutzt werden (z. B. ?), leiden aber ebenso, wie der Kosinussatz, an dem Übelstand, daß sie keine durchgehende logarithmische Rechnung gestatten, wenn man nicht die Kunstgriffe des § 53 anwenden will.

Dritter Teil.

Berechnung und algebraische Anwendung der trigonometrischen Funktionen.

Zehntes Kapitel.

Elementare Berechnungsmethoden.

§ 44. Die regulären Polygone.

Die Seite s_n des dem Einheitskreis eingeschriebenen regulären n-Ecks ist nach dem Sehnensatz gleich $2 \sin \varphi_n$, wobei zur Abkürzung $360^0 : 2n = \varphi_n$ gesetzt ist. Aus der Elementargeometrie kennt man:

$$s_4 = \sqrt{2}\,, \quad s_6 = 1\,, \quad s_{10} = \tfrac{1}{2}(\sqrt{5} - 1)\text{ [1]},$$

daher die Sinus (und nach dem Pythagoreischen Satz die Kosinus) von 45^0, 30^0 und 18^0. Mittels der Additionstheoreme findet man hieraus die Funktionen von $45^0 - 30^0 = 15^0$, $18^0 - 15^0 = 3^0$ und aller Vielfachen von 3^0.

Der Umfang u_n und der Flächeninhalt f_n des regulären n-Ecks haben die Werte:

$$u_n = 2n \sin \varphi_n\,, \quad f_n = n \sin \varphi_n \cos \varphi_n\,,$$

und die entsprechenden Größen für das dem Einheitskreis umgeschriebene reguläre n-Eck sind:

[1] s_{10} ist der größere Teil des nach dem goldenen Schnitt g geteilten Halbmessers, d. h. die positive Wurzel der Gleichung $x^2 = 1 - x$.

$$S_n = 2\,\mathrm{tg}\,\varphi_n, \quad U_n = 2n\,\mathrm{tg}\,\varphi_n, \quad F_n = n\,\mathrm{tg}\,\varphi_n,$$

Mittels der Formeln in § 8 und § 24 leitet man leicht die aus der Elementargeometrie bekannten Darstellungen von f_n, S_n, s_{2n} usw. durch s_n ab.

Beispiele (die Zahlen auf zehn Dezimalen abgerundet).

$$\sin 45^0 = \cos 45^0 = \tfrac{1}{2}\sqrt{2} = 0{,}7071067812;$$
$$\sin 30^0 = 0{,}5; \quad \cos 30^0 = \tfrac{1}{2}\sqrt{3} = 0{,}8660254038;$$
$$\sin 18^0 = \tfrac{1}{4}(\sqrt{5}-1) = 0{,}3090169944;$$
$$\cos 18^0 = \tfrac{1}{4}\sqrt{2}\sqrt{5+\sqrt{5}} = 0{,}9510565163;$$
$$\sin 15^0 = \tfrac{1}{4}\sqrt{2}(\sqrt{3}-1) = 0{,}2588190451;$$
$$\cos 15^0 = \tfrac{1}{4}\sqrt{2}(\sqrt{3}+1) = 0{,}9659258263.$$
$$\sin 3^0 = 0.0523359563; \quad \cos 3^0 = 0.9986295384.$$

$$\tfrac{1}{2}u_{60} = 3{,}14016, \quad \tfrac{1}{2}U_{60} = 3{,}14447;$$
$$\tfrac{1}{2}u_{120} = 3{,}14123, \quad \tfrac{1}{2}U_{120} = 3{,}14231;$$
$$\tfrac{1}{2}u_{240} = 3{,}14150, \quad \tfrac{1}{2}U_{240} = 3{,}14177;$$
$$\tfrac{1}{2}u_{480} = 3{,}14157, \quad \tfrac{1}{2}U_{480} = 3{,}14164;$$
$$\tfrac{1}{2}u_{960} = 3{,}14159, \quad \tfrac{1}{2}U_{960} = 3{,}14161;$$
$$\tfrac{1}{2}u_{1920} = 3{,}14159, \quad \tfrac{1}{2}U_{1920} = 3{,}14160.$$

$$f_{2n} = \sqrt{f_n \cdot F_n}, \qquad \frac{1}{F_{2n}} = \frac{1}{2}\left(\frac{1}{f_{2n}} + \frac{1}{F_n}\right)$$

(Beweis zur Übung.)

§ 45. Die Funktionen kleiner Winkel.

a) Die Berechnung des Bogenmaßes.

Für spitze Winkel φ entnehmen wir der Anschauung an Hand der Figur 54 die Ungleichungen:

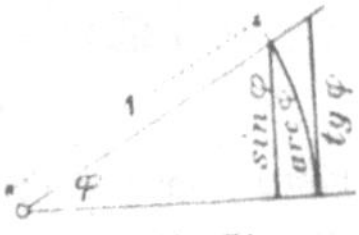

Fig. 54.

(I, 1, 2) $\sin\varphi < \mathrm{arc}\,\varphi, \quad \mathrm{arc}\,\varphi < \mathrm{tg}\,\varphi,$

oder, nach Division durch $\sin\varphi$:

$$1 < \mathrm{arc}\,\varphi : \sin\varphi < 1 : \cos\varphi.$$

Für hinreichend kleine Winkel ist $\cos\varphi$, also erst recht $\operatorname{arc}\varphi : \sin\varphi$ mit großer Annäherung gleich 1. Hierauf beruht die Berechnung des natürlichen Winkelmaßes, d. h. der Zahl π, wie sie bereits in der Elementargeometrie ausgeführt wird. Für $\varphi = 360^0 : 2n$, also $\operatorname{arc}\varphi = 2\pi : 2n$, geht nämlich (I) nach Multiplikation mit n über in die bekannte Ungleichung $\frac{1}{2}u_n < \pi < \frac{1}{2}U_n$.

Beispiel. Durch fünfmaliges Halbieren erhalten wir aus $\cos 3^0$ für $\varphi = 5'37{,}5''$: $\sin\varphi = 0{,}001\,636\,246$, $\operatorname{tg}\varphi = 0{,}001\,636\,248$, also mit sechsstelliger Genauigkeit $\operatorname{arc}\varphi = 0{,}00163625$ und hieraus, da $\varphi = 180^0 : 1920$ (oder direkt aus u_{1920}, U_{1920}, § 44):

$$\pi = 3{,}1416\,.$$

b) Die Berechnung des Sinus.

Nachdem π mittels besonderer Werte von φ abgeschätzt ist, können wir umgekehrt $\sin\varphi$ mittels (I) für beliebiges, hinreichend kleines φ abschätzen In erster Annäherung kann

$$\text{(II, 1, 2)} \qquad \cos\varphi = 1\,, \ \sin\varphi = \operatorname{arc}\varphi\,,$$

daher für beliebiges α nach den Additionstheoremen:

$$\text{(III)}\begin{cases} \sin(\alpha + \varphi) = \sin\alpha + \operatorname{arc}\varphi \cdot \cos\alpha \\ \cos(\alpha + \varphi) = \cos\alpha - \operatorname{arc}\varphi \cdot \sin\alpha \end{cases}$$

gesetzt werden. Um für die Größe des Fehlers einen Anhalt zu gewinnen, beachten wir, daß gemäß (I, 1):

$$\text{(IV, 1)} \qquad \cos\varphi = 1 - 2\sin^2\tfrac{1}{2}\varphi > 1 - \tfrac{1}{2}(\operatorname{arc}\varphi)^2$$

und nach (I, 2) $\sin\varphi > \operatorname{arc}\varphi \cdot \cos\varphi$, also erst recht

$$\text{(IV, 2)} \qquad \sin\varphi > \operatorname{arc}\varphi[1 - \tfrac{1}{2}(\operatorname{arc}\varphi)^2]\,,$$

somit der Fehler in (II, 1) kleiner als $\frac{1}{2}(\operatorname{arc}\varphi)^2$, in (II, 2) kleiner als $\frac{1}{2}(\operatorname{arc}\varphi)^3$ ist.

Beispiel. $\operatorname{arc}10' = 10\pi:(180\cdot 60) = 0{,}00\,290\,888$, $\frac{1}{2}(\operatorname{arc}10')^2 = 0{,}0000042$, $\frac{1}{2}(\operatorname{arc}10')^3 = 0{,}000000012$. Für $\varphi \leqq 10'$ gelten daher (II, 1, 2) auf fünf bedeutsame Stellen genau; insbesondere ist $\sin 10' = 0{,}0029089$, $\cos 10' = 1{,}0000$, analog $\sin 5' = 0{,}0014544$, $\cos 5' = 1{,}0000$.

Mit den durch zweimalige Halbierung von 3° zu findenden Werten $\sin 45' = 0{,}0130896$, $\cos 45' = 0{,}999914$ erhalten wir nunmehr nach (III) $\sin 55' = 0{,}015998$, $\cos 55' = 0{,}99988$, $\sin 1^\circ = 0{,}017453$, $\cos 1^\circ = 0{,}99985$.

Anmerkung. Weil $\sin\varphi : \operatorname{arc}\varphi$ und $\operatorname{tg}\varphi : \operatorname{arc}\varphi$ für kleines φ nahezu gleich 1 sind, liegen die Zahlen $\sin\varphi : \varphi_2$ und $\operatorname{tg}\varphi : \varphi_2$ [1]) nahe bei $\pi : 648000$, ihre Logarithmen S und T nahe bei $\log\pi - \log 648000 = 4.68557 - 10$. Weil für kleines φ die starken Änderungen von $\log\sin\varphi$ und $\log\operatorname{tg}\varphi$ eine Interpolation unmöglich machen, wogegen S und T nahezu konstant sind, enthalten ausführliche Tabellenwerke besondere Spalten für S und T, so daß die Tabelle auch für kleines φ mittels der Formeln $\log\sin\varphi = S + \log\varphi_2$, $\log\operatorname{tg}\varphi = T + \log\varphi_2$ benutzbar bleibt.

Beispiele. 1. $\varphi = 1^\circ 7' 39{,}3''$. $\varphi_2 = 4059{,}3$; $\log\varphi_2 = 3.60845$. $S = 4.68555 - 10$, $T = 4.68563 - 10$; $\log\sin\varphi = 8.29400 - 10$, $\log\operatorname{tg}\varphi = 8.29408 - 10$.

2. $\log\sin\varphi = 7.93827 - 10$ $S = 4.68557 - 10$, $\log\varphi_2 = \log\sin\varphi - S = 3.25270$; $\varphi_2 = 1789{,}38$; $\varphi = 0^\circ 29' 49{,}38''$.

c) Die Berechnung des Kosinus.

Soweit $\sin\frac{1}{2}\varphi = \frac{1}{2}\operatorname{arc}\varphi$ ist, darf nach (IV, 1):

$$\text{(V)} \qquad \cos\varphi = 1 - \tfrac{1}{2}(\operatorname{arc}\varphi)^2$$

gesetzt werden, falls die gröbere Annäherung (II, 1) ungenau ist. Ersetzen wir dagegen $\sin\frac{1}{2}\varphi$ nach (IV, 2) durch den zu kleinen Wert $\frac{1}{2}\operatorname{arc}\varphi[1 - \frac{1}{8}(\operatorname{arc}\varphi)^2]$, so ergibt sich

$$\cos\varphi < 1 - \tfrac{1}{2}(\operatorname{arc}\varphi)^2 + \tfrac{1}{8}(\operatorname{arc}\varphi)^4 - \tfrac{1}{128}(\operatorname{arc}\varphi)^6,$$

der Fehler in (V) ist also kleiner als $\frac{1}{8}(\operatorname{arc}\varphi)^4$.

Beispiel. $\operatorname{arc} 3^\circ = 0.05236$, $\frac{1}{2}(\operatorname{arc} 3^\circ)^2 = 0.001371$, $\frac{1}{8}(\operatorname{arc} 3^\circ)^4 = 0.000001$. Für $\varphi \leqq 3^\circ$ gilt daher (V) auf fünf Stellen genau, insbesondere ist $\cos 3^\circ = 0{,}99863$.

---

[1]) φ_2 ist die Maßzahl von φ in Sekunden; $\operatorname{arc}\varphi = \varphi_2\pi : (180 \cdot 3600) = \varphi_2 (\pi : 648000)$, § 33, c, d.

§ 46. Sphärische und ebene Trigonometrie.

Sind die Längen a, b, c der Seiten des sphärischen Dreiecks Δ sehr klein gegen den Kugelhalbmesser R, so ist Δ angenähert eben, und die sphärischen Formeln müssen in die ebenen Formeln übergehen, wenn wir die Funktionen von a, s_a, $\frac{1}{2}(a \pm b)$ usw. nach § 45 angenähert durch die Bogenmaße $a:R$, $s_a:R$, $(a \pm b):2R$ usw. darstellen. Hierbei können wir ersetzen:

1. $\cos a$, $\cos s_a$, $\cos \frac{1}{2}(a \pm b)$ usw. durch 1, wobei von den Sätzen und Formeln des Kap. IX der zweite Kosinussatz sowie (XII, 1, 3), (XIII, 1) in den Winkelsummensatz übergehen.

2. $\sin a$, $\sin s_a$, $\sin \frac{1}{2}(a \pm b)$ usw. durch $a:R$, $s_a:R$, $(a \pm b):2R$ usw., wobei von den Sätzen und Formeln des Kap. IX übergehen: der Sinussatz in den ebenen Sinussatz; (III) in (I), § 26; (V) in (III), § 18; (IX) in (VII), § 3; (XII, 2, 4) und (XIII, 3, 4) in (VII, 1, 2), § 19; (XIII, 2) in (VIII), § 19; (XVIII) in (IV), § 3.

3. Die Sinus wie zuvor, $\cos a$ durch $1 - a^2:2R^2$, hierdurch geht der sphärische Kosinussatz nach leichter Umformung und Multiplikation mit R^2 über in

$$a^2 = b^2 + c^2 - 2bc\cos\alpha - b^2c^2:2R^2,$$

und, da das letzte Glied für großes R vernachlässigt werden kann, in den ebenen Kosinussatz.

Der Leser möge auch die hier nicht betrachteten Formeln der Kap. VIII, IX auf ihre ebenen Analogien hin untersuchen.

Elftes Kapitel.

Der Moivresche Satz.

§ 47. Die Addition von Vektoren.

Der Vektor von der Länge r und der Phase φ (vgl. § 28) soll kurz mit r_φ oder noch kürzer mit einem einzigen Buchstaben, z.B. u, bezeichnet werden. Zwei Vektoren heißen gleich, wenn sie gleichlang und gleichgerichtet sind; die Gleichung

(I, 1) $$r_\varphi = s_\psi$$

vertritt also zwei eigentliche Gleichungen:

(I, 2, 3) $$r = s, \quad \varphi = \psi + k \cdot 360^0.$$

Eine Ausnahme machen nur die Vektoren der Länge Null, die wir alle einander gleichsetzen; in der Tat hat ja ein solcher Vektor keine bestimmte Phase.

Setzt man irgendwelche Vektoren $u, v, w, \ldots$ zu einem Polygonzug zusammen, so heißt dessen Schlußlinie, die wieder ein Vektor ist, die „geometrische Summe" von u, v, w, in Zeichen

$$u + v + w + \cdots$$

Eine Verwechslung mit dem gewöhnlichen Summenbegriff ist dadurch ausgeschlossen, daß jedes der Zeichen $u, v, w, \ldots$ zwei Zahlen vertritt, z. B. $u = r_\varphi$. In den Figuren muß der Vektorpfeil daran erinnern, daß u die gerichtete Strecke und nicht lediglich ihre absolute Länge bedeutet; letztere bezeichnet man allgemein mit $|u|$. Offenbar ist

(II) $$|u + v + w \cdots| \leqq |u| + |v| + |w| + \cdots$$

d. h. die Länge der Schlußlinie ist kleiner, höchstens gleich der Summe der Längen der Seiten. Die Gleichheit tritt dann und nur dann ein, wenn alle Seiten $u, v, w, \ldots$ einerlei Richtung haben. Für Vektoren gleicher Phase deckt sich die geometrische Addition mit der arithmetischen ihrer Längen:

(III) $$r_\varphi + s_\varphi + t_\varphi + \cdots = (r + s + t + \cdots)_\varphi.$$

Die bekannten Klammer- und Umformungsregeln des Buchstabenrechnens mit Summen beruhen auf den beiden Regeln:

$$\text{(IV)}\quad \begin{aligned} u + v &= v + u, \\ u + (v + w) &= (u + v) + w = u + v + w, \end{aligned}$$

die man als kommutatives (Vertauschungs-) und assoziatives (Zusammenfassungs-)Gesetz bezeichnet. Die Fig. 55, 56 zeigen ohne weiteres, daß auch die Vektoraddition diese Gesetze befolgt.

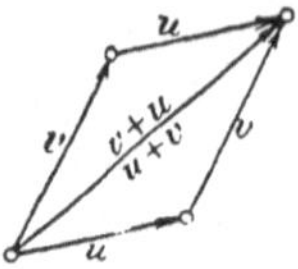

Fig. 55.

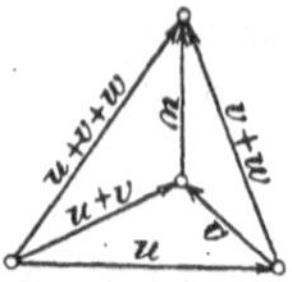

Fig. 56.

Den zu $u = r_\varphi$ entgegengesetzten Vektor $r_{\varphi+180°}$ bezeichnet man mit $-u$ und schreibt $v - u$ für $v + (-u)$. Es ist $u - u = 0$, und ist $u + u' = 0$, so ist $u' = -u$. Setzt man u und v mit ihren Anfangspunkten zusammen, so ist der vom Endpunkt von u nach dem Endpunkt von v gezogene Vektor gleich $v - u$. Auch für die Vektorsubtraktion gelten alle Regeln des Buchstabenrechnens, und es ist $r_\varphi - s_\varphi = (r - s)_\varphi$.

§ 48. Die Multiplikation von Vektoren.

Die Vergrößerung einer Figur im Maßstab $s:1$ wollen wir eine „Streckung" nennen, auch im Falle $s < 1$, wenn also tatsächlich eine Verkleinerung stattfindet. Durch gleichzeitige Drehung um eine Phase ψ entsteht eine „Drehstreckung", deren Bestimmungsstücke s und ψ wir zu einem Vektor s_ψ zusammenfassen können. In diesen geht der Vektor $1_{0°}$ durch die betrachtete Drehstreckung über. Allgemein erhält r_φ durch die Streckung $s:1$ die Länge rs und durch die Drehung um ψ die Phase $\varphi + \psi$. Man bezeichnet den durch die Drehstreckung s_ψ aus r_φ hervorgehenden Vektor als das „Produkt" $r_\varphi s_\psi$ von r_φ und s_ψ; es ist also

(V, 1) $$r_\varphi \cdot s_\psi = (rs)_{\varphi+\psi},$$

insbesondere, wenn wir r_φ mit u, s_ψ mit v bezeichnen:

(V, 2) $$|uv| = |u| \cdot |v|.$$

Ein solches Produkt von Vektoren ist daher stets und nur dann Null, wenn einer der Faktoren Null ist. Ferner können die Faktoren vertauscht und, bei mehr als zweien, beliebig zusammengefaßt werden:

(VI) $$uv = vu, \quad u(vw) = (uv)w = uvw.$$

Endlich sind die Multiplikation und die Addition verknüpft durch das „distributive“ (Verteilungs-)Gesetz:

(VII) $$(u+v)w = uw + vw.$$

Die Vektoren $u = AB$, $v = BC$, $u + v = AC$ bilden nämlich ein Dreieck ABC, das durch die Drehstreckung w in ein anderes, $A'B'C'$, mit den Vektoren $A'B' = uw$, $B'C' = vw$, $A'C' = (u+v)w$ übergeht; der dritte ist aber nach wie vor die geometrische Summe der beiden andern, w. z. b. w.

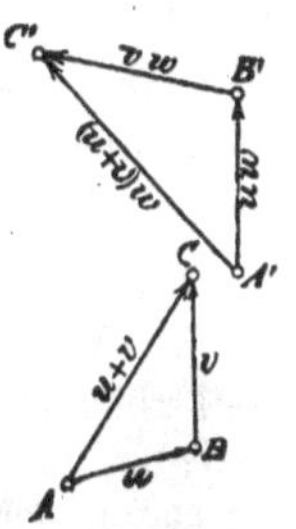

Fig 57.

Die Addition und Multiplikation der Vektoren gehorchen hiernach sämtlichen formalen Gesetzen des Buchstabenrechnens; es gilt insbesondere der durch wiederholte Anwendung von (VII) entstehende binomische Satz:

(VIII, 1) $$(u+v)^n = u^n + \binom{n}{1}u^{n-1}v + \binom{n}{2}u^{n-2}v^2 + \cdots + v^n,$$

worin n eine ganze Zahl und:

(VIII, 2) $$\binom{n}{k} = \frac{n(n-1)\ldots(n-k+1)}{1 \cdot 2 \ldots k};$$

ferner die Summenformel der geometrischen Reihe:

(IX) $u + uv + uv^2 + \cdots + uv^{n-1} = u(v^n - 1) : (v - 1)$.

§ 49. Die multiplikative Zerlegung.

a) Reine Streckungen.

Die Multiplikation mit r_{0^0} bedeutet eine reine Streckung. Rechnerisch verhalten sich die Vektoren der Phase 0^0 vollkommen wie die positiven Werte ihrer Absolutbeträge: $r_{0^0} + s_{0^0} = (r + s)_{0^0}$, $r_{0^0} s_{0^0} = (rs)_{0^0}$. Wir lassen daher künftig den Index 0^0 fort und schreiben r für r_{0^0}, 1 für 1_{0^0}. Dann ist $r \cdot s_\psi = (rs)_\psi$, insbesondere $1 \cdot s_\psi = s_\psi$ und:

(V, 3) $$r_\varphi = r \cdot 1_\varphi\,;$$

in dieser multiplikativen Zerlegung ist r der Absolutbetrag, 1_φ heißt der „Richtungsfaktor" von r_φ.

b) Halbdrehungen.

Der Richtungsfaktor 1_{180^0} verhält sich vollkommen wie -1; es ist $u \cdot 1_{180^0} = -u$. Die Multiplikation mit 1_{180^0} bedeutet eine Halbdrehung. Die Vektoren der Phase 180^0 verhalten sich wie die negativen Zahlen; es ist $r_{180^0} \cdot u = -ru$. Wir schreiben daher künftig $-r$ für r_{180^0}, insbesondere -1 für 1_{180^0}.

c) Vierteldrehungen.

Der Richtungsfaktor 1_{90^0} wird allgemein mit i bezeichnet; eine Multiplikation mit i bedeutet eine positive Vierteldrehung. Die Vektoren der Phasen 90^0 oder 270^0 sind Produkte positiver oder negativer Zahlen mit i.

$$r_{90^0} = ri, \quad r_{270^0} = -ri;$$

insbesondere ist $1_{270^\circ} = -i$. Eine Multiplikation mit $-i$ bedeutet eine positive Dreiviertel- oder eine negative Vierteldrehung.

Weil zwei Vierteldrehungen eine Halbdrehung ergeben, ist:

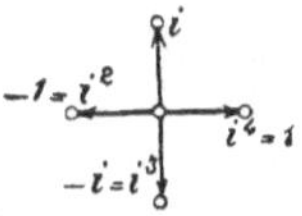

Fig. 58.

(X, 1) $\quad i^2 = -1,$

und durch weitere Vierteldrehungen folgt:

(X, 2) $\quad i^3 = -i, \quad i^4 = 1, \quad i^5 = i, \quad i^6 = -1$ usw.

Analog ist $(-i)^2 = -1$, $(-i)^3 = i$, $(-i)^4 = 1$, $(-i)^5 = -i$ usw.

d) Reine Drehungen überhaupt.

Richtungsfaktoren werden multipliziert durch Addition der Phasen; die Phase verhält sich also genau wie ein Exponent (Logarithmus):

(V, 4) $$1_\varphi \cdot 1_\psi = 1_{\varphi+\psi}.$$

Daher wird $(1_\varphi)^2 = 1_{2\varphi}$ und allgemein:

(V, 5) $$(1_\varphi)^n = 1_{n\varphi}.$$

e) Potenzen und Wurzeln.

Nach (V) wird $(s_\psi)^2 = (s^2)_{2\psi}$ und allgemein:

(V, 6) $$(s_\psi)^n = (s^n)_{n\psi}.$$

Soll daher s_ψ die n-te Wurzel aus r_φ, d. h.:

(XI, 1) $$(s_\psi)^n = r_\varphi$$

sein, so muß nach (I) und (V, 6):

(XI, 2, 3) $\quad s^n = r, \quad n\psi = \varphi + k \cdot 360^\circ$

sein. Für (XI, 2) gibt es nur eine Lösung $s = \sqrt[n]{r}$, weil r und s positive Zahlen sind. Für ψ erhalten wir zunächst unendlich viele Werte:

(XI, 4) $$\psi = \frac{1}{n}\varphi + k \cdot \frac{1}{n} 360^0,$$

worin k irgendeine ganze Zahl ist. Da aber kongruente Werte ψ, ψ' denselben Vektor s_ψ ergeben, genügt es, für k die Zahlen von 0 bis $n - 1$ zu nehmen; denn jeder andere Wert k' ist von einem unter diesen um ein Vielfaches von n verschieden, und für $k' = k + h \cdot n$ wird $\psi' = \psi + h \cdot 360^0$ zu ψ kongruent. Demnach gibt es genau n Lösungen der Gleichung (XI, 1):

(VI, 5) $$s_\psi \cdot 1, \quad s_\psi \cdot 1_\eta, \quad s_\psi \cdot 1_\eta^2, \ldots \quad s_\psi \cdot 1_\eta^{n-1},$$

worin $s = \sqrt[n]{r}$, $\psi = \frac{1}{n}\varphi$ und $\eta = \frac{1}{n} 360^0$ ist.

f) Einheitswurzeln.

Die Größen $1, 1_\eta, 1_\eta^2, \ldots 1_\eta^{n-1}$, $\left(\eta = \frac{1}{n} 360^0\right)$ sind nach vorstehendem die Lösungen der Gleichung:

(XII) $$\varepsilon^n = 1,$$

und heißen daher die „n-ten Einheitswurzeln". Fassen wir sie als Vektoren mit gemeinsamem Anfangspunkt auf, so bilden ihre Endpunkte die Ecken eines dem Einheitskreis eingeschriebenen regulären n-Ecks. Daher heißt die Gleichung (XII) die „Kreisteilungsgleichung"; ihre Theorie bildet eines der schönsten und wichtigsten Kapitel der höheren Algebra.

§ 50. Die additive Zerlegung.

a) Reeller und imaginärer Teil.

Die Projektionen von r_φ auf zwei zu 1 und i parallele Achsen haben die Phasen 0^0 oder 180^0 und 90^0 oder 270^0, lassen sich also darstellen als x und yi, wobei x und y positive oder negative Zahlen sind (§ 49a, b, c). Die geometrische Summe beider Projektionen ist r_φ selbst; jeder Vektor ist also darstellbar in der Form:

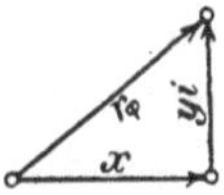

Fig. 59.

(XIII, 1) $$r_\varphi = x + yi;$$

in dieser additiven Zerlegung heißt x der „reelle", yi der „imaginäre" oder „laterale" (seitliche) Teil von r_φ. Infolge der Darstellung (XIII, 1) durch zwei arithmetisch nicht weiter zusammenfaßbare Teile heißen die Vektoren auch „komplexe" (zusammengesetzte) Zahlen.

Anmerkung 1. Ursprünglich wurde i rein formal als $\sqrt{-1}$, und eine komplexe Zahl als ein Ausdruck von der Form $x + y\sqrt{-1}$ definiert. Der Name „imaginär" (= eingebildet) bezeugt noch heute, daß man sich unter dem lateralen Teil zunächst nichts vorzustellen vermochte, und daß die einfache geometrische Deutung erst nachträglich entdeckt wurde.

b) Das Rechnen mit komplexen Zahlen.

Gleiche, d. h. gleichlange gleichgerichtete Vektoren haben gleiche Projektionen auf dieselbe Gerade. Aus der einen Gleichung zwischen komplexen Zahlen:

(XIV, 1) $$a + bi = x + yi$$

folgen daher, sofern a, b, x, y reelle Zahlen sein sollen, zwei Gleichungen zwischen reellen Zahlen:

(XIV, 2) $$a = x, \quad b = y.$$

Nach den Rechenregeln (IV) bis (VII) und nach (X) ist:

(XV) $$(a + bi) \pm (x + yi) = (a \pm x) + (b \pm y)i,$$

(XVI) $$\left\{ \begin{aligned} &(a + bi)(x + yi) \\ &= (ax - by) + (ay + bx)i. \end{aligned} \right.$$

c) Der Zusammenhang beider Zerlegungen.

Zwischen Länge r, Phase φ und Projektionen x, y eines Vektors bestehen (nach § 9c (II) und § 28a) die Gleichungen:

$$\text{(XIII, 2)} \qquad x = r\cos\varphi\,, \quad y = r\sin\varphi\,;$$

daher folgt aus (XIII, 1):

$$\text{(XIII, 3)} \qquad r_\varphi = r(\cos\varphi + i\sin\varphi)\,,$$

insbesondere:

$$\text{(XIII, 4)} \qquad 1_\varphi = \cos\varphi + i\sin\varphi\,.$$

Komplexe Zahlen von gleicher Länge und entgegengesetzten Phasen heißen „konjugiert“. Nach dem Umkehrungssatz, § 12b (XI) ist:

$$\text{(XIII, 5)} \qquad 1_{-\varphi} = \cos\varphi - i\sin\varphi\,;$$

daher ist $x - yi$ die zu $x + yi$ konjugierte Zahl.

Weil einerseits $r_\varphi \cdot r_{-\varphi} = r^2$, andererseits nach (XVI):

$$(x + yi)(x - yi) = x^2 + y^2,$$

erhalten wir den pythagoreischen Satz.

Anmerkung 1. Der Leser versuche diesen Beweis ins geometrische zu übersetzen. Zu beachten ist, daß außer dem Produkt auch die Summe zweier konjugierter Zahlen reell ist.

Anmerkung 2. Die Gleichung $\varepsilon^3 = 1$ hat die Wurzel $\varepsilon_0 = 1$. Daher ergeben sich die beiden andern Wurzeln, weil $\varepsilon^3 - 1 = (\varepsilon - 1)(\varepsilon^2 + \varepsilon + 1)$, als Wurzeln der quadratischen Gleichung $\varepsilon^2 + \varepsilon + 1 = 0$ zu

$$\text{(XVII)} \qquad \varepsilon_1 = -\tfrac{1}{2}(1 - i\sqrt{3})\,, \quad \varepsilon_2 = -\tfrac{1}{2}(1 + i\sqrt{3})\,.$$

Andererseits sind sie nach § 49f gleich 1_{120^0} und $1_{240^0} = 1_{-120^0}$ daher folgt $\cos 120^0 = -\tfrac{1}{2}$, $\sin 120^0 = \tfrac{1}{2}\sqrt{3}$. Der Leser überzeuge sich an (XVII), daß auch $\varepsilon_1^2 = \varepsilon_2$, $\varepsilon_2^2 = \varepsilon_1$ und $\varepsilon_1^3 = \varepsilon_2^3 = 1$ ist.

Anmerkung 3. Analog hat $\varepsilon^5 = 1$ außer $\varepsilon_0 = 1$ noch die vier Wurzeln der reziproken biquadratischen Gleichung $\varepsilon^4 + \varepsilon^3 + \varepsilon^2 + \varepsilon + 1 = 0$; man erhält für $\varepsilon + \varepsilon^{-1} = \eta$ die quadratische Gleichung $\eta^2 + \eta - 1 = 0$, also

$$\eta_1 = -\tfrac{1}{2} + \tfrac{1}{2}\sqrt{5}, \quad \eta_2 = -\tfrac{1}{2} - \tfrac{1}{2}\sqrt{5}.$$

Nach § 49f ist $\eta_1 = 2\cos 72^0$ in Übereinstimmung mit § 44; der Leser überzeuge sich, daß $\eta_2 = 2\cos 144^0$ ist; er möge auch ε_1 bis ε_4 berechnen und zeigen, daß $\varepsilon_1^2 = \varepsilon_2$, $\varepsilon_1^3 = \varepsilon_3$, $\varepsilon_1^4 = \varepsilon_4$ usw. zutrifft.

Anmerkung 4. Wählen wir in der geometrischen Reihe (IX) $u = 1_\varphi$, $v = 1_\alpha$, so wird:

$$v - 1 = 1_\alpha - 1 = 1_{\frac{1}{2}\alpha}(1_{\frac{1}{2}\alpha} - 1_{-\frac{1}{2}\alpha}) = 1_{\frac{1}{2}\alpha} \cdot 2i\sin\tfrac{1}{2}\alpha,$$

ebenso

$$v^n - 1 = 1_{\frac{1}{2}n\alpha} \cdot 2i\sin\tfrac{1}{2}n\alpha,$$

und mit $1_\varphi \cdot 1_{\frac{1}{2}n\alpha} : 1_{\frac{1}{2}\alpha} = 1_{\varphi + \frac{1}{2}(n-1)\alpha}$ folgt aus (IX):

$$1_\varphi + 1_{\varphi+\alpha} + 1_{\varphi+2\alpha} + \cdots + 1_{\varphi+(n-1)\alpha}$$
$$= 1_{\varphi+\frac{1}{2}(n-1)\alpha} \cdot \sin\tfrac{1}{2}n\alpha : \sin\tfrac{1}{2}\alpha.$$

Durch Zerlegung in den reellen und imaginären Teil (XIII, 4, XIV) folgen die Formeln § 29 (XII).

§ 51. Der Moivresche Satz.

a) Die Additionstheoreme.

Aus (XIII, 4) und (V, 4) folgt

$$(\cos\varphi + i\sin\varphi)(\cos\psi + i\sin\psi) =$$
$$\cos(\varphi + \psi) + i\sin(\varphi + \psi).$$

Durch Ausmultiplizieren der linken Seite (XVI) und Vergleichung der reellen und imaginären Teile (XIV) entstehen die Additionstheoreme, für die wir hiermit einen fünften, nunmehr völlig allgemeinen Beweis erbracht haben.

b) Die Funktionen der Vielfachen eines Winkels.

Aus (V,5) erhalten wir den Satz von Moivre:

(XVIII, 1) $(\cos\varphi + i\sin\varphi)^n = \cos n\varphi + i\sin n\varphi;$

entwickeln wir die linke Seite nach dem binomischen Satz (VIII, 1), so wird:

(XVIII, 2) $$\cos n\varphi + i\sin n\varphi =$$
$$\cos^n\varphi + i\binom{n}{1}\cos^{n-1}\varphi\sin\varphi + i^2\binom{n}{2}\cos^{n-2}\varphi\sin^2\varphi$$
$$+ i^3\binom{n}{3}\cos^{n-3}\varphi\sin^3\varphi + i^4\binom{n}{4}\cos^{n-4}\varphi\sin^4\varphi + \cdots,$$

und mit (X) und (XIV):

(XVIII, 3) $$\cos n\varphi =$$
$$\cos^n\varphi - \binom{n}{2}\cos^{n-2}\varphi\sin^2\varphi + \binom{n}{4}\cos^{n-4}\varphi\sin^4\varphi - + \cdots$$

(XVIII, 4) $$\sin n\varphi =$$
$$\binom{n}{1}\cos^{n-1}\varphi\sin\varphi - \binom{n}{3}\cos^{n-3}\varphi\sin^3\varphi + - \cdots$$

Für $n = 2$ erhält man beispielsweise § 24, (XX, 1, 2).

c) Die Potenzen des Sinus und Kosinus.

Nach (XIII, 4, 5) ist

$$2\cos\varphi = 1_\varphi + 1_{-\varphi}, \quad 2i\sin\varphi = 1_\varphi - 1_{-\varphi}.$$

Beachten wir, daß $1_\varphi \cdot 1_{-\varphi} = 1$, so folgt:

$$2^n\cos^n\varphi = 1_\varphi^n + \binom{n}{1}1_\varphi^{n-2} + \binom{n}{2}1_\varphi^{n-4} + + \cdots,$$
$$(2i)^n\sin^n\varphi = 1_\varphi^n - \binom{n}{1}1_\varphi^{n-2} + \binom{n}{2}1_\varphi^{n-4} - + \cdots.$$

Ersetzen wir hierin 1_φ^k durch $\cos k\varphi + i\sin k\varphi$, so hebt sich i fort und wir erhalten $\cos^n\varphi$, $\sin^n\varphi$ durch die Funktionen von $k\varphi$, $k = 0$ bis n, dargestellt. Für $n = 2$ beispielsweise wird

$$4\cos^2\varphi = 1_{2\varphi} + 2\cdot 1_0 + 1_{-2\varphi} = 2\cos 2\varphi + 2,$$
$$-4\sin^2\varphi = 1_{2\varphi} - 2\cdot 1_0 + 1_{-2\varphi} = 2\cos 2\varphi - 2,$$

in Übereinstimmung mit § 24 (XXI, 2, 3), Für $n = 3$ wird:

$$8\cos^3\varphi = 1_{3\varphi} + 3\cdot 1_\varphi + 3\cdot 1_{-\varphi} + 1_{-3\varphi} = 2(\cos 3\varphi + 3\cos\varphi),$$
$$-8i\sin^3\varphi = 1_{3\varphi} - 3\cdot 1_\varphi + 3\cdot 1_{-\varphi} - 1_{-3\varphi} = 2i(\sin 3\varphi - 3\sin\varphi),$$

also

$$\cos^3\varphi = \tfrac{1}{4}(\cos 3\varphi + 3\cos\varphi), \quad \sin^3\varphi = \tfrac{1}{4}(3\sin\varphi - \sin 3\varphi).$$

§ 52. Die unendlichen Reihen.

Es sei α irgend ein Winkel und n eine so große ganze Zahl, daß für $\varphi = \alpha : n$ mit vorgeschriebener Annäherung $\cos\varphi = 1$ und $\sin\varphi = \operatorname{arc}\varphi = \operatorname{arc}\alpha : n$ gesetzt werden kann. Dann wird in der Entwicklung (XVIII, 2) das $(k + 1)$te Glied der rechten Seite näherungsweise ersetzt werden können durch

$$i^k \binom{n}{k} \frac{1}{n^k} (\operatorname{arc}\alpha)^k = i^k \frac{n-1}{n} \cdot \frac{n-2}{n} \cdots \frac{n-k+1}{n} \cdot \frac{(\operatorname{arc}\alpha)^k}{k!},$$

worin $k!$ (gelesen: k-Fakultät) in bekannter Weise das Produkt $1 \cdot 2 \cdots k$ der k ersten ganzen Zahlen bezeichnet. Je größer nun n gegen k ist, um so weniger werden die Brüche

$$\frac{1}{n}(n-1) = 1 - \frac{1}{n}, \quad \frac{1}{n}(n-2) = 1 - \frac{2}{n} \text{ usw.}$$

von 1 verschieden sein, so daß wir sie näherungsweise durch 1 ersetzen dürfen. Damit entstehen aus (XVIII, 2) durch Vergleich der reellen und imaginären Teile die Entwicklungen:

$$\text{(XIX)} \begin{cases} \cos\alpha = 1 - \frac{1}{2!}(\operatorname{arc}\alpha)^2 + \frac{1}{4!}(\operatorname{arc}\alpha)^4 - + \cdots \\ \sin\alpha = \operatorname{arc}\alpha - \frac{1}{3!}(\operatorname{arc}\alpha)^3 + \frac{1}{5!}(\operatorname{arc}\alpha)^5 - + \cdots \end{cases}$$

Bei dieser Ableitung ist indessen zu beachten, daß zwar für hinreichend großes n der in *jedem einzelnen* Gliede begangene Fehler beliebig klein ist, daß aber die *Gliederzahl und damit die Anzahl der Fehler* gleich $n + 1$ ist, also *um so größer ist, je kleiner die Fehler sind.* Es fehlt somit unserer Ableitung eine Abschätzung des *Gesamtfehlers* in (XIX) und daher *darf sie keinesfalls als Beweis dieser Formeln gelten!* Ein Beweis würde den Rahmen dieses Buches übersteigen, da er der *höheren* Mathematik angehört. Auf deren Ergebnisse mögen die folgenden Entwicklungen einen kleinen Ausblick geben:

$$\text{(XX)}\quad \sin\alpha = \operatorname{arc}\alpha\left\{1-\left(\frac{\operatorname{arc}\alpha}{\pi}\right)^2\right\}\left\{1-\left(\frac{\operatorname{arc}\alpha}{2\pi}\right)^2\right\}\left\{1-\left(\frac{\operatorname{arc}\alpha}{3\pi}\right)^2\right\}\cdots$$

$$\text{(XXI)}\quad \cos\alpha = \left\{1-\left(\frac{2\operatorname{arc}\alpha}{\pi}\right)^2\right\}\left\{1-\left(\frac{2\operatorname{arc}\alpha}{3\pi}\right)^2\right\}\left\{1-\left(\frac{2\operatorname{arc}\alpha}{5\pi}\right)^2\right\}\cdots$$

$$\text{(XXII)}\quad \operatorname{arc}\alpha = \sin\alpha + \frac{1}{2\cdot 3}\sin^3\alpha + \frac{1\cdot 3}{2\cdot 4\cdot 5}\sin^5\alpha + \frac{1\cdot 3\cdot 5}{2\cdot 4\cdot 6\cdot 7}\sin^7\alpha + \cdots$$

$$\text{(XXIII)}\quad \operatorname{arc}\alpha = \operatorname{tg}\alpha - \tfrac{1}{3}\operatorname{tg}^3\alpha + \tfrac{1}{5}\operatorname{tg}^5\alpha - \tfrac{1}{7}\operatorname{tg}^7\alpha + - \cdots$$

Hiervon sind gültig:

(XIX, XX, XXI) für jedes α,

(XXII), wenn $-90^0 \leqq \alpha \leqq +90^0$,

(XXIII), wenn $-45^0 \leqq \alpha \leqq +45^0$.

Für andere Winkel werden (XXII) und (XXIII) falsch oder sinnlos. Für $\alpha = 45^0$ erhält man aus (XXIII) die berühmte Reihe von Leibniz:

$$\tfrac{1}{4}\pi = 1 - \tfrac{1}{3} + \tfrac{1}{5} - \tfrac{1}{7} + \tfrac{1}{9} - \tfrac{1}{11} + \cdots,$$

die jedoch für eine Berechnung von π viel zu schwach konvergiert. Setzen wir dagegen:

$$\operatorname{tg}\varphi = \tfrac{1}{3},\ \operatorname{tg}\psi = \tfrac{1}{7},$$

so wird nach § 23, 24 $\operatorname{tg}(2\varphi + \psi) = 1$, also $2\varphi + \psi = 45^0$ und

$$2\operatorname{arc}\varphi + \operatorname{arc}\psi = \tfrac{1}{4}\pi;$$

hier sind $\operatorname{arc}\varphi$ und $\operatorname{arc}\psi$ aus (XXIII) leicht und schnell zu berechnen, was der Leser versuchen möge. Für $\alpha = 90^0$ erhält man aus (XXII) eine schlecht konvergierende Reihe für $\tfrac{1}{2}\pi$. Besser konvergiert die zu $\alpha = 30^0$ gehörende, aber umständlich zu berechnende:

$$\tfrac{1}{6}\pi = \tfrac{1}{2} + \frac{1}{2\cdot 3\cdot 8} + \frac{1\cdot 3}{2\cdot 4\cdot 5\cdot 32} + \frac{1\cdot 3\cdot 5}{2\cdot 4\cdot 6\cdot 7\cdot 128} + \cdots$$

Zwölftes Kapitel

Die Methode der Hilfswinkel.

§ 53. Trigonometrische Logarithmierung.

Es ist vielfach bei Rechnungen, die nicht durchgehends logarithmisch geführt werden können, von Vorteil, durch Einführung von Hilfswinkeln die trigonometrische statt der logarithmischen Tafel zu benutzen. Dies Verfahren wird an einer Reihe von Beispielen klar werden, wobei $\mathfrak{a}$ und $\mathfrak{b}$ wie in § 43 die Anzahl der Ablesungen und der Blätterungen in der Tafel bezeichnen.

1. Gegeben $\log a$, $\log b$; gesucht $\log(a+b)$.

Würde man zu $\log a$, $\log b$ die Numeri und zu $a+b$ den Logarithmen aufschlagen, so würde $\mathfrak{a} = \mathfrak{b} = 3$. Statt dessen definiere man einen Winkel φ durch die Gleichung

$$b = a \operatorname{tg}^2 \varphi, \text{ d. h. } \log \operatorname{tg} \varphi = \tfrac{1}{2}(\log b - \log a),$$

so wird

$$a + b = a(1 + \operatorname{tg}^2 \varphi) = a : \cos^2 \varphi,$$

also:

$$\log(a+b) = \log a - 2 \log \cos \varphi.$$

Hierbei ist $\mathfrak{a} = 2$, $\mathfrak{b} = 1$; versteht man es, von der Tangentenspalte unmittelbar in die Kosinusspalte überzugehen, wofür manche Tabellen besondere Proportionaltäfelchen enthalten, so wird auch $\mathfrak{a} = 1$.

2. Gegeben $\log a$, $\log b$, $a > b$; gesucht $\log(a-b)$

Man setze $b = a \sin^2 \varphi$, $\log \sin \varphi = \frac{1}{2}(\log b - \log a)$, so wird

$$a - b = a \cos^2 \varphi, \; \log(a-b) = \log a + 2 \log \cos \varphi.$$

3. Gegeben $\log a$, $\log b$, $a > b$; gesucht $\log \frac{a-b}{a+b}$.

Man setze $b = a \operatorname{tg} \varphi$, $\log \operatorname{tg} \varphi = \log b - \log a$, so wird, weil $\operatorname{tg} 45^0 = 1$:

$$\log \frac{a-b}{a+b} = \log \frac{1 - \operatorname{tg} \varphi}{1 + \operatorname{tg} \varphi} = \log \operatorname{tg} (45^0 - \varphi).$$

4. Eine andere Lösung für 1, 2, 3 ergibt der Ansatz:

$$b = a \cos 2\varphi, \ \log \cos 2\varphi = \log b - \log a,$$

$$a + b = 2a \cos^2 \varphi, \log(a+b) = \log 2 + \log a + 2 \log \cos \varphi,$$

$$a - b = 2a \sin^2 \varphi, \log(a-b) = \log 2 + \log a + 2 \log \sin \varphi,$$

$$\log \frac{a-b}{a+b} = 2 \log \operatorname{tg} \varphi.$$

Noch einfacher ist also hiernach $\log \sqrt{\frac{a-b}{a+b}}$ zu finden.

5. Gegeben a, b; gesucht $c = \sqrt{a^2 + b^2}$. Man setze $b = a \operatorname{tg} \varphi$, so wird $c = a : \cos \varphi = b : \sin \varphi$.

6. Gegeben a, c, gesucht $b = \sqrt{c^2 - a^2}$. Mit $a = c \cos \varphi$ wird $b = a \operatorname{tg} \varphi = c \sin \varphi$.

7. Logarithmierung des ebenen Kosinussatzes (§ 26a):

$$a^2 = (b+c)^2 - 4bc \cos^2 \tfrac{1}{2}\alpha.$$

Man setze $4bc \cos^2 \frac{1}{2}\alpha = (b+c)^2 \sin^2 \varphi$, also

$$\log \sin \varphi =$$

$$\log 2 + \tfrac{1}{2} \log b + \tfrac{1}{2} \log c + \log \cos \tfrac{1}{2}\alpha - \log (b+c),$$

so wird $a = (b+c) \cos \varphi$, $(\mathfrak{a} = 6, \mathfrak{b} = 5)$.

8. Dasselbe sphärisch:

$$\cos a = \cos b \cos c + \sin b \sin c \cos \alpha.$$

Man setze: $\sin b \cos \alpha = \cos b \cos \varphi : \sin \varphi$,

also: $\log \operatorname{tg} \varphi = \log \cot b - \log \cos \alpha$,

so wird $\cos a = \cos b \sin(c + \varphi) : \sin \varphi$. $(\mathfrak{a} = 7, \mathfrak{b} = 5)$.

Wenn b, c, α spitz sind, kann man auch nach **1:**

$$\operatorname{tg} b \operatorname{tg} c \cos \alpha = \operatorname{tg}^2 \varphi, \cos a = \cos b \cos c : \cos^2 \varphi$$

setzen. Hierbei ist $\mathfrak{a} = 8$, $\mathfrak{b} = 5$. Für den zweiten Kosinussatz ergeben sich analoge Logarithmierungen.

Über Gleichungen wie $a \cos \varphi + b \sin \varphi = c$ vgl. § 29.

§ 54. Trigonometrische Auflösung der quadratischen Gleichung.

Die Wurzeln x_1, x_2 der quadratischen Gleichung:

(I, 1) $$x^2 - 2ax + b = 0$$

genügen den Bedingungen

(I, 2, 3) $$x_1 + x_2 = 2a, \quad x_1 x_2 = b.$$

Es kann angenommen werden, daß a positiv ist. Denn im Falle $a = 0$ haben wir eine reine quadratische Gleichung, deren einfachste Lösung die logarithmische $[\log x = \frac{1}{2} \log(-b)]$ ist; und wenn a negativ ist, braucht man nur $x' = -x$ als neue Unbekannte einzuführen, um eine Gleichung mit positivem $a' = -a$ zu erhalten. Ferner kann abgesehen werden von den Fällen $b = 0$ und $b = a^2$; denn im ersten sind die Wurzeln $x_1 = 0$, $x_2 = 2a$, im zweiten $x_1 = x_2 = a$ ohne Rechnung gegeben.

1. b **negativ,** also $c = -b$ positiv. Wir setzen.

(II, 1, 2) $$x_1 = \sqrt{c} \cot \varphi, \quad x_2 = -\sqrt{c} \operatorname{tg} \varphi.$$

Dann ist (I, 3) identisch erfüllt, und aus (I, 2) folgt:

$$2a = \sqrt{c}\left(\frac{\cos\varphi}{\sin\varphi} - \frac{\sin\varphi}{\cos\varphi}\right) = \sqrt{c}\,\frac{\cos^2\varphi - \sin^2\varphi}{\sin\varphi\cos\varphi}$$

Daher ist nach § 24 φ bestimmt durch:

(II, 3) $$\operatorname{tg} 2\varphi = \sqrt{c} : a .$$

2. b **positiv,** $b < a^2$. Wir setzen

(III, 1, 2) $$x_1 = \sqrt{b}\cot\varphi, \quad x_2 = \sqrt{b}\operatorname{tg}\varphi .$$

Dann ist (I, 3) identisch erfüllt, und aus (I, 2) folgt:

$$2a = \sqrt{b}\left(\frac{\cos\varphi}{\sin\varphi} + \frac{\sin\varphi}{\cos\varphi}\right) = \sqrt{b}\,\frac{\cos^2\varphi + \sin^2\varphi}{\sin\varphi\cos\varphi}$$

Daher ist φ bestimmt durch

(III, 3) $$\sin 2\varphi = \sqrt{b} : a .$$

3. b **positiv,** $b > a^2$. Die Wurzeln der Gleichung sind in diesem Falle konjugiert komplex

(IV, 1, 2) $$x_1 = r_\varphi, \quad x_2 = r_{-\varphi},$$

wobei r, φ nach (I, 2, 3) bestimmt sind durch:

(IV, 3, 4) $$r\cos\varphi = a, \quad r^2 = b .$$

Anmerkung. Allgemein kann man $x = k\cot\varphi$ setzen, wodurch (I) nach Multiplikation mit $\sin^2\varphi$ übergeht in

$$k^2\cos^2\varphi - 2ak\cos\varphi\sin\varphi + b\sin^2\varphi = 0$$

und nach § 29c weiterbehandelt werden kann, sofern die Wurzeln reell sind. Die Fälle 1, 2 entsprechen den Annahmen $k^2 = -b$ und $k^2 = b$.

Beispiele. 1) $x^2 - 6x - 5 = 0$. $a = 3$, $c = 5$.

$\frac{1}{2}\log 5$	$= 0.34949$		
$-\log 3$	$= 9.52288 - 10$		
$\log\operatorname{tg} 2\varphi$	$= 9.87237 - 10$;	$\rightarrow 2\varphi =$	$36^\circ\,41'\,56''$
$\log\operatorname{tg}\varphi$	$= 9.52072 - 10$;	$\leftarrow \varphi =$	$18^\circ\,20'\,58''$
$\log x_1$	$= 0.82877$	$\rightarrow x_1 =$	**6,7417**
$\log(-x_2)$	$= 9.87021 - 10$	$\rightarrow x_2 =$	**$-$ 0,74167.**

2) $x^2 - 11x + 19 = 0$. $a = 5{,}5$, $b = 19$

$$\begin{aligned}
\tfrac{1}{2}\log 19 &= 0.63938 \\
-\log 5{,}5 &= 9.25964 - 10 \\
\hline
\log\sin 2\varphi &= 9.89902 - 10; \rightarrow 2\varphi = 52^\circ\, 25'\, 24'' \\
\log \operatorname{tg}\varphi &= 9.69224 - 10 \;\leftarrow\; \varphi = 26^\circ\, 12'\, 42'' \\
\hline
\log x_1 &= 0.94714 \quad \rightarrow x_1 = \mathbf{8{,}8540} \\
\log x_2 &= 0.33162 \quad \rightarrow x_2 = \mathbf{2{,}1460}.
\end{aligned}$$

3) $x^2 + x + 3 = 0$. $a = -0{,}5$, $b = 3$, $r = \sqrt{3}$;

$$\begin{aligned}
\log 0{,}5 &= 9.69897 - 10 \\
-\tfrac{1}{2}\log 3 &= 9.76144 - 10 \\
\hline
\log(-\cos\varphi) &= 9.46041 - 10 \rightarrow \\
\log\sin\varphi &= 9.98111 - 10 \leftarrow \quad \Big\}\ \varphi = 106^\circ\, 46'\, 43'' \\
\log r\sin\varphi &= 0.21967 \qquad x = -\,\mathbf{0{,}5} \pm i\,\mathbf{1{,}6583}.
\end{aligned}$$

§ 55. Trigonometrische Auflösung der kubischen Gleichung.

Aus der allgemeinen kubischen Gleichung:

$$\xi^3 + a\,\xi^2 + b\xi + c = 0$$

erhält man für $x = \xi + \frac{1}{3}a$ eine reduzierte:

(V, 1) $$x^3 = 3px + 2q.$$

Hierin kann angenommen werden, daß q positiv ist; denn bei negativem q erhält man für $x' = -x$ eine Gleichung mit positivem $q' = -q$, und für $q = 0$ sind die Wurzeln $x_{1,2} = \pm\sqrt{3p}$, $x_3 = 0$ von (V, 1) unmittelbar gegeben.

Setzen wir $x = y + z$, so geht (V, 1) über in:

$$3yz(y + z) + y^3 + z^3 = 3p(y + z) + 2q$$

und kann befriedigt werden durch den Ansatz:

(V, 2, 3) $$yz = p, \quad y^3 + z^3 = 2q.$$

Dann genügen $u_1 = y^3$, $u_2 = z^3$ den Bedingungen

(VI, 2, 3) $$u_1 u_2 = p^3, \quad u_1 + u_2 = 2q,$$

sind also die Wurzeln der sogenannten „quadratischen Resolvente" von (V, 1):

(VI, 1) $$u^2 - 2qu + p^3 = 0.$$

Sind umgekehrt u_1, u_2 die Wurzeln von (VI, 1), y eine Kubikwurzel aus u_1 und $z = p : y$, also $yz = p$, so ist z eine Kubikwurzel aus u_2; denn es wird $z^3 = p^3 : y^3 = u_1 u_2 : u_1 = u_2$. Es genügen also y und z den Bedingungen (V, 2, 3), woraus rückwärts folgt, daß $x = y + z$ eine Wurzel von (V, 1) ist.

Nun gibt es nach § 49, e insgesammt drei Kubikwurzeln aus u_1, nämlich, wenn ε die dritte Einheitswurzel $1_{120°} = -\frac{1}{2} + \frac{1}{2} i\sqrt{3}$ bezeichnet:

$$y_1, \quad y_2 = y_1 \varepsilon, \quad y_3 = y_1 \varepsilon^2.$$

Die zugehörigen Kubikwurzeln aus u_2 sind, weil $\varepsilon^3 = 1$, also $1 : \varepsilon = \varepsilon^2$, $1 : \varepsilon^2 = \varepsilon$ ist:

$$z_1 = p : y_1, \quad z_2 = p : y_2 = z_1 \varepsilon^2, \quad z_3 = p : y_3 = z_1 \varepsilon.$$

Dementsprechend hat (V, 1) drei Lösungen:

$$x_1 = y_1 + z_1, \quad x_2 = y_2 + z_2, \quad x_3 = y_3 + z_3.$$

1. $p^3 < q^2$; u_1, u_2 sind reell und verschieden. Ist y_1 die reelle Kubikwurzel aus u_1, so ist z_1 die reelle aus u_2, und wir erhalten:

(VII) $$\begin{cases} x_1 = y_1 + z_1, \\ x_2 = y_1 \varepsilon + z_1 \varepsilon^2 = -\frac{1}{2}(y_1 + z_1) + \frac{1}{2} i\sqrt{3}(y_1 - z_1), \\ x_3 = y_1 \varepsilon^2 + z_1 \varepsilon = -\frac{1}{2}(y_1 + z_1) - \frac{1}{2} i\sqrt{3}(y_1 - z_1). \end{cases}$$

Die Gleichung (V, 1) hat eine reelle und zwei konjugiert komplexe Lösungen.

2. $\boldsymbol{p^3 = q^2}$; es wird $u_1 = u_2 = q$ reell. Die reellen dritten Wurzeln y_1, z_1 aus u_1, u_2 gehören wieder zusammen, sind aber jetzt einander gleich und nach (V, 2, 3) $(y_1{}^2 = p, y_1{}^3 = q)$ gleich $q : p$. Aus (VII) folgt damit:

$$\text{(VIII)} \qquad x_1 = 2q : p, \quad x_2 = x_3 = -q : p.$$

Die Gleichung (V, 1) hat drei reelle Lösungen, darunter zwei gleiche. Ihre Werte sind rational durch p und q angebbar.

3. $\boldsymbol{p^3 > q^2}$. u_1, u_2 sind konjugiert komplex:

$$u_1 = r_\varphi, \quad u_2 = r_{-\varphi}, \quad r = +\sqrt{p^3}, \quad \cos\varphi = q : r.$$

Nach § 49, e ist $y = s_\psi$, $s = \sqrt[3]{r} = \sqrt{p}$, $\psi = \frac{1}{3}\varphi + k \cdot 120^0$, und nach (V, 2), S. 161: $z = s_{-\psi}$, so daß konjugierte Werte y und z zusammengehören. Daher erhalten wir $x = s_\psi + s_{-\psi} = 2s\cos\psi$, ausführlich:

$$\text{(IX)}\begin{cases} x_1 = 2\sqrt{p}\cos\frac{1}{3}\varphi, \\ x_2 = 2\sqrt{p}\cos(\frac{1}{3}\varphi + 120^0) = -2\sqrt{p}\cos(60^0 - \frac{1}{3}\varphi), \\ x_3 = 2\sqrt{p}\cos(\frac{1}{3}\varphi + 240^0) = -2\sqrt{p}\cos(60^0 + \frac{1}{3}\varphi). \end{cases}$$

Dieser dritte Fall dreier verschiedener reeller Lösungen ist bekannt als „Kasus irreduzibilis“, weil vor Erfindung der komplexen Zahlen die Lösung der quadratischen Resolvente, und vor Entdeckung ihres Zusammenhanges mit den trigonometrischen Funktionen das Ausziehen der Kubikwurzeln aus u_1, u_2 nicht möglich war.

§ 56. Beispiele kubischer Gleichungen.

1. $x^3 = -6x + 10$; $p = -2$, $q = 5$, $p^3 < q^2$

Resolvente: $u^2 - 10u - 8 = 0$.

$$\tfrac{1}{2}\log 8 = 0.45154$$
$$-\log 5 = 9.30103 - 10$$

$$\log \operatorname{tg} 2\varphi = 9{,}75257 - 10 \rightarrow 2\varphi = 29^\circ\, 29'\, 46''$$
$$\log \operatorname{tg} \varphi = 9.42035 - 10 \leftarrow \varphi = 14^\circ\, 44'\, 53''$$

$$\log u_1 = 1.03119$$
$$\log(-u_2) = 9.87189 - 10$$

$$\log y_1 = 0.34373 \rightarrow y_1 = 2{,}20663$$
$$\log(-z_1) = 9.95730 - 10 \rightarrow z_1 = -0{,}90636$$

$$x_1 = 1{,}30027,$$

$$x_{2,3} = -0{,}65013 \pm i\, 1{,}55649.$$

---

2. $x^3 = 7x + 8$. $p = \frac{7}{3}$, $q = 4$; $p^3 < q^2$.

Resolvente: $u^2 - 8u + (\frac{7}{3})^3 = 0$.

$$\tfrac{3}{2}\log \tfrac{7}{3} = 0.55197$$
$$-\log 4 = 9.39794 - 10$$

$$\log \sin 2\varphi = 9.94991 - 10 \rightarrow 2\varphi = 63^\circ\, 0'\, 26''$$
$$\log \operatorname{tg} \varphi = 9.78738 - 10 \leftarrow \varphi = 31^\circ\, 30'\, 13''$$

$$\log u_1 = 0.76459$$
$$\log u_2 = 0.33935$$

$$\log y_1 = 0.25486 \rightarrow y_1 = 1{,}7983$$
$$\log z_1 = 0.11312 \rightarrow z_1 = 1{,}29755$$

$$x_1 = 3{,}09585,$$

$$x_{2,3} = -1{,}54792 \pm i \cdot 0{,}25088.$$

---

3. $x^3 = 10x + 7$; $p = \frac{10}{3}$, $q = 3{,}5$; $p^3 > q^2$.

Resolvente: $u^2 - 7u + (\frac{10}{3})^3 = 0$.

$$\begin{array}{lll}
\log q = 0.54407 & & \\
-\frac{3}{2}\log p = 9.21560 - 10 & & \\
\hline
\log\cos\varphi = 9.75975 - 10, & \rightarrow & \varphi = 54^0 53' 33''; \\
\log\cos\psi_1 = 9.97747 - 10, & \leftarrow & \frac{1}{3}\varphi = \psi_1 = 18^0 17' 51'', \\
\log\cos\psi_2' = 9.87309 - 10, & \leftarrow & 60^0 - \frac{1}{3}\varphi = \psi_2' = 41^0 42' \;9'', \\
\log\cos\psi_3' = 9.30713 - 10, & \leftarrow & 60^0 + \frac{1}{3}\varphi = \psi_3' = 78^0 17' 51'', \\
\log 2\sqrt{p} = 0.56247 & & \\
\hline
\log x_1 = 0.53994 \quad , & \rightarrow & x_1 = \mathbf{3{,}4669}, \\
\log(-x_2) = 0.43556 \quad , & \rightarrow & x_2 = -\mathbf{2{,}7262}, \\
\log(-x_3) = 9.86960 - 10, & \rightarrow & x_3 = -\mathbf{0{,}74063}.
\end{array}$$

4. Wie groß ist die Höhe h eines Kugelsegmentes, dessen Rauminhalt ein Viertel des Kugelinhalts ist?

Aus $$\tfrac{1}{3}h^2(3R - h)\pi = \tfrac{1}{4}\cdot\tfrac{4}{3}R^3\pi$$

folgt, wenn wir $h : R = \xi$ und zur Reduktion $\xi - 1 = x$ setzen:

$$\boldsymbol{x^3 = 3x + 1;\; p = 1,\; q = \tfrac{1}{2}}.$$

Es wird $\cos\varphi = \frac{1}{2}$, $\varphi = 60^0$, $\psi_1 = 20^0$, $\psi_2' = 40^0$, $\psi_3' = 80^0$,

$$\begin{array}{ll}
x_1 = \;\; 2\cos 20^0 = +1.8794\;, & h_1 = \;\; 2.8794\cdot R, \\
x_2 = -2\cos 40^0 = -1.5321\;, & h_2 = -0.5321\cdot R, \\
x_3 = -2\cos 80^0 = -0.34730, & \boldsymbol{h_3 = \;\; 0.65270\cdot R}.
\end{array}$$

Geometrisch ist nur die Lösung h_3 sinnvoll.

5. Die **Siebenteilung des Kreises** führt auf die Gleichung $\varepsilon^7 - 1 = 0$ und nach Division durch $\varepsilon - 1$ auf:

$$\varepsilon^6 + \varepsilon^5 + \varepsilon^4 + \varepsilon^3 + \varepsilon^2 + \varepsilon + 1 = 0.$$

Diese Gleichung ist reziprok; wir setzen daher $\varepsilon + \varepsilon^{-1} = \xi$ und erhalten $\xi^3 + \xi^2 - 2\xi - 1 = 0$, daraus durch Reduktion

$$\xi = \tfrac{1}{3}(x - 1),\; \boldsymbol{x^3 = 21x + 7;\; p = 7,\; q = \tfrac{7}{2}}.$$

$$\cos\varphi = 1 : 2\sqrt{7},\; \varphi = 79^0 6' 24'';$$

$$\begin{array}{ll}
x_1 = \;\; 2\sqrt{7}\cos 26^0 22' \;8'' = \;\; 4{,}7409\;, & \xi_1 = \;\; 1{,}2470\;; \\
x_2 = -2\sqrt{7}\cos 33^0 37' 52'' = -4{,}4059\;, & \xi_2 = -1{,}8020\;; \\
x_3 = -2\sqrt{7}\cos 86^0 22' \;8'' = -0{,}33512, & \xi_3 = -0{,}44504.
\end{array}$$

Andererseits ist $\varepsilon = \cos k\eta \pm i \sin k\eta$, $\eta = 360^\circ : 7$, $k = 1, 2, 3$, also $\xi = 2\cos k\eta$, und zwar, weil $\xi_1 > \xi_3 > \xi_2$:

$$\xi_1 = 2\cos\eta, \quad \xi_3 = 2\cos 2\eta, \quad \xi_2 = 2\cos 3\eta.$$

Hierin wieder ist $2\eta = 90^\circ + \frac{1}{28} \cdot 360^\circ$, also

$$-\xi_3 = 2\sin(360^\circ : 28),$$

d. h. $-\xi_3 = 0{,}44504$ ist die Seite des regulären 14-Ecks.

Die Sieben- und Vierzehnteilung des Kreises läßt sich also auf die Dreiteilung eines Winkels zurückführen.

Anhang.

I. Beweise der elementargeometrischen Formeln (III) bis (VII) (S. 14)

Die Formel (V) drückt die Dreiecksfläche in dreifacher Weise als halbes Produkt aus Grundseite und Höhe aus. Die übrigen beweisen wir in der Reihenfolge (III), (VI), (VII), (IV).

Die Höhe h_c bildet mit a und a_c sowohl wie mit b und b_c ein rechtwinkliges Dreieck; daraus folgt

$$(1) \qquad a^2 - b^2 = (a_c^2 + h_c^2) - (b_c^2 + h_c^2) = a_c^2 - b_c^2.$$

Die Seite c ist die Summe oder Differenz der Projektionen a_c und b_c; es ist

$$c = \pm a_c \pm b_c,$$

worin beim ersten $\pm$ das untere Zeichen gilt, wenn bei A ein stumpfer Winkel liegt, beim zweiten, wenn bei B ein stumpfer Winkel liegt. Löst man nach a_c auf, quadriert und setzt in (1) ein, so ergibt sich

$$a^2 - b^2 = c^2 \mp 2cb_c,$$

d. h. (III). Das untere Vorzeichen gilt, wenn das Dreieck bei A stumpfwinklig ist.

Zu (VI) betrachte man Fig. 1. Dort ist K die Mitte von AB und $\sphericalangle AMK = \gamma$ als halber Zentriwinkel zum Bogen AB mit dem Peripheriewinkel γ; also sind die rechtwinkligen Dreiecke AMK und ACH_a ähnlich, woraus sich $b:h_a = r:\frac{1}{2}c$, $bc = 2rh_a$ ergibt. Multiplikation mit a führt wegen (V) zu (VI). Als C durfte man eine Ecke mit spitzem Winkel wählen.

Zu (VII): Der Dreiecksinhalt F ist die Summe der Inhalte $\frac{1}{2}\varrho a$, $\frac{1}{2}\varrho b$, $\frac{1}{2}\varrho c$ der Dreiecke BOC, COA und AOB, also $F = \frac{1}{2}\varrho(a+b+c) = \varrho s$. Analog folgt $F = \varrho_a s_a$ aus den Dreiecken BO_aC, CO_aA, AO_aB.

Schließlich sind in der zweiten Fig. 1 die rechtwinkligen Dreiecke CUO und O_aVC ähnlich, da sie bei C bzw. O_a den Winkel $\frac{1}{2}\gamma$ haben. Daraus folgt $s_c:\varrho = \varrho_a:s_b$, $\varrho\varrho_a = s_b s_c$. Multipliziert man die beiden ersten Ausdrücke für F aus (VII), so erhält man daraus (IV).

II. Der „Ptolemäische Lehrsatz" (S. 66)

Liegen die Punkte A, B, C und D in dieser Reihenfolge auf einem Kreise, so behauptet der Ptolemäische Lehrsatz

$$AB \cdot CD = AD \cdot CB + AC \cdot BD .$$

Wir legen den Punkt S auf BD so, daß $\sphericalangle BAS = \sphericalangle CAD$ wird; dann ist auch $\sphericalangle DAS = \sphericalangle CAB$. Die Dreiecke ABS und ACD haben also bei A gleiche Winkel. Aber auch die Winkel bei B und C stimmen überein als Peripheriewinkel über dem Bogen AD. Ebenso haben die Dreiecke ADS und ACB bei A gleiche Winkel, aber auch bei D und C. Aus der Ähnlichkeit der Dreiecke ABS und ACD sowie der Dreiecke ADS und ACB folgen die Proportionen

$$AB:BS = AC:CD\,, \quad AD:DS = AC:CB\,,$$

ausmultipliziert gibt das

$$AB \cdot CD = AC \cdot BS\,, \quad AD \cdot CB = AC \cdot DS\,.$$

Addiert man, so ergibt sich wegen $BS + DS = BD$ die Behauptung.

Anhang.

Übungsbeispiele.

Tafel I.

Rechtwinklige ebene Dreiecke.

α °	α ′	α ″	a	b	c
2	27	55	0,58100	13,497	13,509
6	21	35	5,1429	46,143	46,429
7	53	25	1,0545	7,6091	7,6818
14	15	0	16,000	63,000	65,000
16	15	37	7,0000	24,000	25,000
22	37	12	5,3846	12,923	14,000
30	30	37	6,6000	11,200	13,000
35	53	52	12,751	17,616	21,746
36	52	12	9,000	12,000	15,000
38	21	47	13,497	17,051	21,746
44	45	37	1,1900	1,2000	1,6900
45	14	23	9,2308	9,1538	13,000
51	38	13	13,825	10,943	17,632
53	7	48	11,200	8,4000	14,000
54	6	8	10,943	7,9210	13,509
59	29	23	12,923	7,6154	15,000
67	22	48	12,000	5,0000	13,000
73	44	23	32,877	9,5890	34,247
75	45	0	4,8462	1,2308	5,0000
82	6	35	837,00	116,00	845,00
83	38	25	129,20	14,400	130,00
87	32	5	17,616	0,75840	17,632

Tafel II.

Schiefwinklige ebene Dreiecke.

a	b	c	α °	α ′	α ″	β °	β ′	β ″	γ °	γ ′	γ ″
3	25	26	6	21	35	67	22	48	106	15	37
4	13	15	14	15	0	53	7	48	112	37	12
9	65	70	6	21	35	53	7	48	120	30	37
10	35	39	14	15	0	59	29	23	106	15	37
11	13	20	30	30	37	36	52	11	112	37	12
12	55	65	6	21	35	30	30	37	143	7	48
13	14	15	53	7	49	59	29	23	67	22	48
13	20	21	36	52	12	67	22	48	75	45	0
16	25	39	14	15	0	22	37	12	143	7	48
20	51	65	14	15	0	38	52	48	126	52	12
25	33	52	22	37	12	30	30	37	126	52	11
25	39	56	22	37	12	36	52	11	120	30	37
25	52	63	22	37	12	53	7	48	104	15	0
26	75	91	14	15	0	45	14	23	120	30	37
29	182	195	7	53	25	59	29	23	112	37	12
39	308	325	6	21	35	61	1	13	112	37	12
41	260	273	8	22	12	67	22	48	104	15	0
45	296	325	6	21	35	46	46	14	126	52	11
52	195	209	14	15	0	67	22	48	98	22	12
65	68	105	36	52	12	38	52	48	104	15	0
116	325	429	7	53	25	22	37	12	149	29	23
143	260	279	30	30	37	67	22	48	82	6	35
165	260	323	30	30	37	53	7	48	96	21	37
195	280	323	36	52	12	59	29	23	83	38	25
325	728	837	22	37	12	59	29	23	97	53	25

Anmerkung. Sämtliche Dreiecke dieser Tafel haben ganzzahligen Flächeninhalt.

Rechtwinklige sphärische Dreiecke.

c			a			b			α			β		
°	′	″	°	′	″	°	′	″	°	′	″	°	′	″
15	38	7	9	45	19	12	16	42	38	57	12	52	5	54
16	6	22	10	30	16	12	16	42	41	5	6	50	2	53
36	10	38	21	47	2	29	37	35	38	57	12	56	52	23
38	57	12	9	45	19	37	54	6	15	38	7	77	43	18
38	57	12	21	47	2	33	7	37	36	10	38	60	22	25
40	9	20	28	26	56	29	37	35	47	37	21	50	2	53
41	5	6	10	30	16	39	57	7	16	6	22	77	43	18
41	5	6	25	50	19	33	7	37	41	32	39	56	15	42
41	32	39	25	50	19	33	44	18	41	5	6	56	52	23
44	44	18	31	19	47	33	44	18	47	37	21	52	5	54
47	37	21	28	26	56	39	57	7	40	9	20	60	22	25
47	37	21	31	19	47	37	54	6	44	44	18	56	15	42
50	2	53	12	16	42	48	54	54	16	6	22	79	29	44
50	2	53	29	37	35	42	22	39	40	9	20	61	33	4
52	5	54	12	16	42	51	2	48	15	38	7	80	14	41
52	5	54	33	44	18	42	22	39	44	44	18	58	40	13
56	15	42	33	7	37	48	27	21	41	5	6	64	9	41
56	15	42	37	54	6	45	15	42	47	37	21	58	40	13
56	52	23	29	37	35	51	2	48	36	10	38	68	12	58
56	52	23	33	44	18	48	54	54	41	32	39	64	9	41
58	40	13	42	22	39	45	15	42	52	5	54	56	15	42
60	22	25	33	7	37	53	49	22	38	57	12	68	12	58
60	22	25	39	57	7	49	50	40	47	37	21	61	33	4
61	33	4	42	22	39	49	50	40	50	2	53	60	22	25
64	9	41	48	27	21	48	54	54	56	15	42	56	52	23
68	12	58	51	2	48	53	49	22	56	52	23	60	22	25
77	43	18	37	54	6	74	21	53	38	57	12	80	14	41
77	43	18	39	57	7	73	53	38	41	5	6	79	29	44
79	29	44	48	54	54	73	53	38	50	2	53	77	43	18
80	14	41	51	2	48	74	21	53	52	5	54	77	43	18

Schiefwinklige sphärische Dreiecke.

a	b	c	α	β	γ
° ′ ″	° ″	° ′ ″	° ′ ″	° ′ ″	° ′ ″
2 7 54	50 2 53	52 5 54	0 44 57	15 38 7	163 53 38
4 6 43	50 2 53	52 5 54	4 34 58	58 40 13	118 26 56
5 22 1	56 15 42	60 22 25	4 3 17	38 57 12	138 54 54
5 29 28	41 32 39	44 44 18	6 32 15	52 5 54	123 7 37
6 39 54	36 10 38	40 9 20	8 40 9	50 2 53	123 7 37
15 38 7	16 6 22	20 15 35	50 2 53	52 5 54	80 2 18
16 6 22	40 32 32	52 5 54	15 38 7	39 9 35	129 57 7
16 6 22	52 5 54	61 33 4	15 38 7	50 2 53	121 19 47
17 35 7	44 44 18	56 52 23	16 32 20	41 32 39	127 54 6
17 56 40	41 5 6	47 37 21	24 2 58	60 22 25	102 16 42
20 32 32	68 12 58	80 14 41	17 20 52	52 5 54	123 7 37
21 27 36	50 2 53	56 52 23	25 26 17	64 9 41	100 30 16
22 35 52	40 9 20	56 52 23	20 35 37	36 10 38	129 57 7
27 59 2	41 5 6	60 22 25	26 40 19	38 57 12	123 44 18
29 6 11	56 15 42	77 43 18	21 34 29	38 57 12	132 22 39
35 30 23	38 57 12	56 15 42	43 2 6	47 37 21	102 16 42
36 10 38	40 9 20	50 13 58	50 2 53	56 52 23	86 34 33
38 57 12	55 1 0	56 15 42	47 37 21	74 18 19	77 43 18
38 57 12	41 5 6	47 37 21	56 15 42	60 22 25	77 43 18
39 20 24	41 5 6	60 22 25	45 26 42	47 37 21	102 16 42
40 9 20	56 52 23	79 29 44	36 10 38	50 2 53	115 50 19
41 5 6	60 20 56	60 22 25	47 37 21	77 29 26	77 43 18
41 5 6	60 22 25	79 39 41	38 57 12	56 15 42	109 45 37
41 32 39	44 44 18	57 10 6	52 5 54	56 52 23	88 42 27
41 54 17	52 5 54	56 52 23	51 48 45	68 12 58	80 14 41
44 44 18	56 52 23	80 14 41	41 32 39	52 5 54	111 47 2
46 1 1	50 2 53	56 52 23	57 39 1	64 9 41	79 29 44
50 2 53	52 5 54	63 21 53	58 40 13	61 33 4	84 53 38
50 2 53	58 40 13	74 53 17	52 5 54	61 33 4	96 25 2
50 2 53	60 44 3	64 9 41	56 52 23	72 22 4	79 29 44
52 5 54	66 6 4	68 12 58	56 52 23	76 0 32	80 14 41

Die Sinus und Kosinus der Vielfachen von 3° im ersten Quadranten.

°	Sinus	Kosinus	
0	0	1	90
3	$s_2 r_1 - t_1 r_2$	$t_1 r_1 + s_2 r_2$	87
6	$\frac{1}{2}(t_2\sqrt{3} - s_1)$	$\frac{1}{2}(s_1\sqrt{3} + t_2)$	84
9	$\frac{1}{2}(s_1\sqrt{2} - t_2\sqrt{2})$	$\frac{1}{2}(s_1\sqrt{2} + t_2\sqrt{2})$	81
12	$\frac{1}{2}(t_1 - s_2\sqrt{3})$	$\frac{1}{2}(t_1\sqrt{3} + s_2)$	78
15	r_2	r_1	75
18	s_2	t_1	72
21	$t_2 r_1 - s_1 r_2$	$s_1 r_1 + t_2 r_2$	69
24	$\frac{1}{2}(s_1\sqrt{3} - t_2)$	$\frac{1}{2}(t_2\sqrt{3} + s_1)$	66
27	$\frac{1}{2}(t_1\sqrt{2} - s_2\sqrt{2})$	$\frac{1}{2}(t_1\sqrt{2} + s_2\sqrt{2})$	63
30	$\frac{1}{2}$	$\frac{1}{2}\sqrt{3}$	60
33	$s_2 r_1 + t_1 r_2$	$t_1 r_1 - s_2 r_2$	57
36	t_2	s_1	54
39	$s_1 r_1 - t_2 r_2$	$t_2 r_1 + s_1 r_2$	51
42	$\frac{1}{2}(t_1\sqrt{3} - s_2)$	$\frac{1}{2}(t_1 + s_2\sqrt{3})$	48
45	$\frac{1}{2}\sqrt{2}$	$\frac{1}{2}\sqrt{2}$	45
	Kosinus	Sinus	°

Zur Abkürzung ist gesetzt:

$r_1 = \frac{1}{4}\cdot\sqrt{2}(\sqrt{3}+1)$ $\qquad r_2 = \frac{1}{4}\cdot\sqrt{2}(\sqrt{3}-1)$

$s_1 = \begin{cases} \frac{1}{4}\cdot(\sqrt{5}+1) \\ \frac{1}{4}\cdot\sqrt{2}\sqrt{3+\sqrt{5}} \end{cases}$ $\qquad s_2 = \begin{cases} \frac{1}{4}\cdot(\sqrt{5}-1) \\ \frac{1}{4}\cdot\sqrt{2}\sqrt{3-\sqrt{5}} \end{cases}$

$t_1 = \frac{1}{4}\cdot\sqrt{2}\sqrt{5+\sqrt{5}}$ $\qquad t_2 = \frac{1}{4}\cdot\sqrt{2}\sqrt{5-\sqrt{5}}$

Geisteswissenschaften

Philosophie

Einführung in die Philosophie von *H. Leisegang†*. 3. Aufl. 145 S. 1957 *(Bd. 281)*

Erkenntnistheorie von *G. Kropp*. 1. Teil: Allgemeine Grundlegung. 143 S. 1950 *(Bd. 807)*

Hauptprobleme der Philosophie von *G. Simmel†*. 7., unveränd. Aufl. 177 S. 1950 *(Bd. 500)*

Geschichte der Philosophie

I: Die griechische Philosophie von *W. Capelle*. 1. Teil. Von Thales bis Leukippos. 2., erw. Aufl. 135 S. 1953 *(Bd. 857)*

II: Die griechische Philosophie von *W. Capelle*. 2. Teil. Von der Sophistik bis zum Tode Platons. 2., stark erw. Aufl. 144 S. 1953 *(Bd. 858)*

III: Die griechische Philosophie von *W. Capelle*. 3. Teil. Vom Tode Platons bis zur alten Stoa. 2., stark erw. Aufl. 132 S. 1954 *(Bd. 859)*

IV: Die griechische Philosophie von *W. Capelle*. 4. Teil. Von der Alten Stoa bis zum Eklektizismus im 1. Jh. v. Chr. 2., stark erw. Aufl. 132 S. 1954 *(Bd. 863)*

V: Die Philosophie des Mittelalters von *J. Koch*. In Vorb. *(Bd. 826)*

VI: Von der Renaissance bis Kant von *K. Schilling*. 234 S. 1954 *(Bd. 394/394a)*

VII: Immanuel Kant von *G. Lehmann*. In Vorb. *(Bd. 536)*

VIII: Die Philosophie des 19. Jahrhunderts von *G. Lehmann*. 1. Teil. 151 S. 1953 *(Bd. 571)*

IX: Die Philosophie des 19. Jahrhunderts von *G. Lehmann*. 2. Teil. 168 S. 1953 *(Bd. 709)*

X: Die Philosophie im ersten Drittel des 20. Jahrhunderts I von *G. Lehmann*. In Vorb. *(Bd. 845)*

Die geistige Situation der Zeit (1931) von *K. Jaspers*. 4., unveränd. Abdruck der 1932 bearb. 5. Aufl. 211 S. 1955 *(Bd. 1000)*

Philosophisches Wörterbuch von *M. Apel†*. 5. Aufl., neub. von *P. Ludz* 1957. In Vorb. *(Bd. 1031/1031a)*

Philosophische Anthropologie. Menschliche Selbstdeutung in Geschichte und Gegenwart von *M. Landmann*. 266 S. 1955 *(Bd. 156/156a)*

Pädagogik, Psychologie Soziologie

Geschichte der Pädagogik von *Herm. Weimer*. 12., neub. u. verm. Aufl. von *Heinz Weimer*. 177 S. 1956 (*Bd. 145*)

Therapeutische Psychologie. Ihr Weg durch die Psychoanalyse von *W. M. Kranefeldt*. Mit einer Einführung von *C. G. Jung*. 3., unveränd. Aufl. 152 S. 1956 *(Bd. 1034)*

Allgemeine Psychologie von *Th. Erismann*. 1956. In Vorb. *(Bd. 831)*

Soziologie. Geschichte und Hauptprobleme von *L. von Wiese*. 5. Aufl. 162 S. 1954 *(Bd. 101)*

Sozialpsychologie von *P. R. Hofstätter*. 181 S., 15 Abb., 22 Tab. 1956 *(Bd. 104/104a)*

Psychologie des Berufs- und Wirtschaftslebens von *W. Moede*. 1956 In Vorb. *(Bd. 851)*

Industrie- und Betriebssoziologie von *R. Dahrendorf*. 120 S. 1956 *(Bd. 103)*

Religionswissenschaften

Jesus von *M. Dibelius†*. 2. Aufl. Unveränd. Nachdr. 137 S. 1949 *(Bd. 1130)*

Paulus von *M. Dibelius†*. Nach dem Tode des Verfassers herausgegeben und zu Ende geführt von *W. G. Kümmel*. 2. Aufl. 155 S. 1956 *(Bd. 1160)*

Römische Religionsgeschichte von *F. Altheim*. 2 Bde. 2., umgearb. Aufl.

I: Grundlagen und Grundbegriffe. 116 S. 1956 *(Bd. 1035)*

II: Der geschichtliche Ablauf. 164 S. 1956 *(Bd. 1052)*

Geschichte Israels von *E.-L. Ehrlich*. 1957. In Vorb. *(Bd. 231)*

Musik

Musikästhetik von *H. J. Moser.* 180 S. 1953 *(Bd. 344)*

Systematische Modulation von *R. Hernried.* 2. Aufl. 136 S. 1950 *(Bd. 1094)*

Der polyphone Satz von *E. Pepping.* 2 Bde.
1. Teil: Der cantus-firmus-Satz. 2. Aufl. 223 S. 1950 *(Bd. 1148)*
2. Teil: 1957. In Vorb. *(Bd. 1164/1164a)*

Allgemeine Musiklehre von *H. J. Moser.* 2., durchges. Aufl. 155 S. 1955 *(Bd. 220/220a)*

Harmonielehre von *H. J. Moser.* 2 Bde. I: 109 S. 1954 *(Bd. 809)*

Die Musik des 19. Jahrhunderts von *W. Oehlmann.* 180 S. 1953 *(Bd. 170)*

Die Musik des 20. Jahrhunderts I. von *W. Oehlmann.* In Vorb. *(Bd. 171)*

Technik der deutschen Gesangskunst von *H. J. Moser.* 3., durchges. und verb. Aufl. 144 S., 5 Fig. 1954 *(Bd. 576/576a)*

Die Kunst des Dirigierens von *H. W. von Waltershausen*†. 2. Aufl. 138 S. 1954 *(Bd. 1147)*

Die Technik des Klavierspiels aus dem Geiste des musikalischen Kunstwerkes von *K. Schubert*†. 3. Aufl. 110 S. 1954 *(Bd. 1045)*

Kunst

Stilkunde von *H. Weigert.* 2 Bde. 2. Aufl.
I: Vorzeit, Antike, Mittelalter. 136 S., 94 Abb. 1953 *(Bd. 80)*
II: Spätmittelalter und Neuzeit. 146 S., 84 Abb. 1953 *(Bd. 781)*

Archäologie von *A. Rumpf.* 2 Bde.
I: Einleitung, historischer Überblick. 143 S., 6 Abb., 12 Taf. 1953 *(Bd. 538)*
II: Die Archäologensprache. Die antiken Reproduktionen. 136 S., 7 Abb., 12 Taf. 1956 *(Bd. 539)*

Geschichte

Einführung in die Geschichtswissenschaft von *P. Kirn.* 2. Aufl. 121 S. 1952 *(Bd. 270)*

Zeitrechnung d. röm. Kaiserzeit, des Mittelalters und der Neuzeit für die Jahre 1—2000 n. Chr. von *H. Lietzmann*†. 3. Aufl., durchges von *K. Aland.* 130 S. 1956 *(Bd. 1085)*

Kultur der Urzeit von *F. Behn.* 3 Bde. 4. Aufl. der „Kultur der Urzeit". Bd. I—III von *M. Hoernes.*
I: Die vormetallischen Kulturen. (Die Steinzeiten Europas. Gleichartige Kulturen in anderen Erdteilen). 172 S., 48 Abb. 1950 *(Bd. 564)*
II: Die älteren Metallkulturen. (Der Beginn der Metallbenutzung. Kupfer- und Bronzezeit in Europa, im Orient und in Amerika). 160 S., 67 Abb. 1950 *(Bd. 565)*
III: Die jüngeren Metallkulturen. (Das Eisen als Kulturmetall. Hallstatt-Latène-Kultur in Europa. Das erste Auftreten des Eisens in den anderen Erdteilen). 149 S., 60 Abb. 1950 *(Bd. 566)*

Vorgeschichte Europas von *F. Behn.* Völlig neue Bearbeitung der 7. Aufl. der „Urgeschichte der Menschheit" von *M. Hoernes.* 125 S., 47 Abb. 1949 *(Bd. 42)*

Der Eintritt der Germanen in die Geschichte von *J. Haller.* 3. Aufl., durchges. von *H. Dannenbauer.* 120 S., 6 Ktnskizz. 1957 *(Bd. 1117)*

Von den Karolingern zu den Staufern von *J. Haller*†. Die altdeutsche Kaiserzeit (900—1250). 3. Aufl. 141 S., 4 Ktn. 1944 *(Bd. 1065)*

Deutsche Geschichte im Zeitalter der Reformation, der Gegenreformation und des 30jährigen Krieges von *F. Hartung.* 129 S. 1951 *(Bd. 1105)*

Deutsche Geschichte von 1648 bis 1740 von *W. Treue.* 120 S. 1956 *(Bd. 35)*

Deutsche Geschichte von 1713 bis 1806 von *W. Treue.* 168 S. 1957 *(Bd. 39)*

Quellenkunde der deutschen Geschichte im Mittelalter (bis zur Mitte des 15. Jahrhunderts) von *K. Jacob*†. 3 Bde.
I: Einleitung. Allgemeiner Teil. Die Zeit der Karolinger. 5. Aufl. 118 S. 1949 *(Bd. 279)*
II: Die Kaiserzeit (911—1250). 4. Aufl. 127 S. 1949 *(Bd. 280)*

III: Das Spätmittelalter (vom Interregnum bis 1500). Herausgeg. von *F. Weden*. 152 S. 1952 *(Bd. 284)*

Geschichte Englands von *H. Preller*.
I: bis 1815. 3., stark umgearb. Aufl. 135 S., 7 Stammtaf., 2 Ktn. 1952 *(Bd. 375)*
II: von 1815 bis 1910. 2., völlig umgearb. Aufl. 118 S., 1 Stammtaf., 7 Ktn. 1954 *(Bd. 1088)*

Römische Geschichte von *F. Altheim*. 4 Bde. 2., verb. Aufl.
I: Bis zur Schlacht bei Pydna (168 v. Chr.). 123 S. 1956 *(Bd. 19)*
II: Bis zur Schlacht bei Actium (31 v. Chr.). 130 S. 1956 *(Bd. 677)*

Geschichte der Vereinigten Staaten von Amerika von *O. Graf zu Stolberg-Wernigerode*. 192 S., 10 Ktn. 1956 *(Bd. 1051/1051 a)*

Deutsche Sprache und Literatur

Geschichte der deutschen Sprache von *H. Sperber*. 2. Aufl., durchges. von *W. Fleischhauer*. 1957. In Vorb. *(Bd. 915)*

Deutsches Rechtschreibungswörterbuch von *M. Gottschald*. 2., verb. Aufl. 269 S. 1953 *(Bd. 200/200a)*

Deutsche Wortkunde. Eine kulturgeschichtliche Betrachtung des deutschen Wortschatzes von *A. Schirmer*. 3., durchges. Aufl. 109 S. 1949 *(Bd. 929)*

Deutsche Sprachlehre von *W. Hofstaetter*. 9., neubearb. Aufl. von *G. Spree*. 144 S. 1953 *(Bd. 20)*

Stimmkunde für Beruf, Kunst und Heilzwecke von *H. Biehle*. 111 S. 1955 *(Bd. 60)*

Redetechnik. Einführung in die Rhetorik von *H. Biehle*. 115 S. 1954 *(Bd. 61)*

Sprechen und Sprachpflege (Die Kunst des Sprechens) von *H. Feist*. 2., verb. Aufl. 99 S., 25 Abb. 1952 *(Bd. 1122)*

Deutsches Dichten und Denken von der germanischen bis zur staufischen Zeit von *H. Naumann*. (Deutsche Literaturgeschichte vom 5.—13. Jahrhundert). 2., verb. Aufl. 166 S. 1952 *(Bd. 1121)*

Deutsches Dichten und Denken vom Mittelalter zur Neuzeit von *G. Müller* (1270—1700). 2., durchges. Aufl. 159 S. 1949 *(Bd. 1086)*

Der Nibelunge Nôt in Auswahl mit kurzem Wörterbuch von *K. Langosch*. 10., durchges. Aufl. 164 S. 1956 *(Bd. 1)*

Kudrun- und Dietrichepen in Auswahl mit Wörterbuch von *O. L. Jiriczek*. 2. Aufl. bearb. von *R. Wisniewski*. 1957. In Vorb. *(Bd. 10)*

Wolfram von Eschenbach. Parzival. Eine Auswahl mit Anmerk. und Wörterbuch. Von *H. Jantzen*. 2. Aufl., bearb. von *H. Kolb*. 128 S. 1957 *(Bd. 921)*

Die deutschen Personennamen von *M. Gottschald*. 2., verb. Aufl. 151 S. 1955 *(Bd. 422)*

Althochdeutsches Elementarbuch von *H. Naumann*† und *W. Betz*. 2. Aufl. 156 S. 1954 *(Bd. 1111)*

Mittelhochdeutsche Grammatik von *H. de Boor* und *R. Wisniewski*. 141 S. 1956 *(Bd. 1108)*

Indogermanisch, Germanisch

Gotisches Elementarbuch. Grammatik, Texte mit Übersetzung und Erläuterungen von *H. Hempel*. 2., umgearb. Aufl. 165 S. 1953 *(Bd. 79)*

Indogermanische Sprachwissenschaft von *H. Krahe*. 3. Aufl. 1957. In Vorb. *(Bd. 59)*

Germanische Sprachwissenschaft von *H. Krahe*. 2 Bde. 3., neub. Aufl.
I: Einleitung und Lautlehre. 147 S. 1956. *(Bd. 238)*
II: Formenlehre. 149 S. 1957 *(Bd. 780)*

Altnordisches Elementarbuch von *F. Ranke*. Schrifttum, Sprache, Texte mit Übersetzung und Wörterbuch. 2., durchges. Aufl. 146 S. 1949 *(Bd. 1115)*

Englisch, Französisch Italienisch

Altenglisches Elementarbuch von *M. Lehnert*. Einführung, Grammatik, Texte mit Übersetzung und Wörterbuch. 3., verb. Aufl. 178 S. 1955 *(Bd. 1125)*

Historische neuenglische Laut- und Formenlehre von *E. Ekwall*. 3., durchges. Aufl. 150 S. 1956 *(Bd. 735)*

Englische Phonetik von *H. Mutschmann*†. 117 S. 1956. *(Bd. 601)*

Englische Literaturgeschichte. 4 Bde.
I: Die alt- und mittelenglische Periode v. *F. Schubel.* 163 S. 1954 *(Bd. 1114)*
II: Von der Renaissance bis zur Aufklärung von *F. Schubel.* 160 S. 1956 *(Bd. 1116)*
III: Romantik und Viktorianismus von *P. Meissner†.* 150 S. 1938 *(Bd. 1124)*
IV: Das 20. Jahrhundert von *P. Meissner†.* 150 S. 1939 *(Bd. 1136)*

Beowulf von *M. Lehnert.* Eine Auswahl mit Einführung, teilweiser Übersetzung, Anmerkungen und etymologischem Wörterbuch. 2., verb. Aufl. 135 S. 1949 *(Bd. 1135)*

Shakespeare von *P. Meissner†.* 2. Aufl. neubearb. von *M. Lehnert.* 136 S. 1954 *(Bd. 1142)*

Italienische Literaturgeschichte von *K. Vossler†.* Unveränd. Nachdr. der 1927 erschien. 4., durchges. und verb. Aufl. 148 S. 1948 *(Bd. 125)*

Romanische Sprachwissenschaft von *H. Lausberg.* 2 Bde. 1956.
I: Einleitung und Vokalismus. 160 S. *(Bd. 128/128a)*
II: Konsonantismus. 95 S. *(Bd. 250)*

Griechisch, Lateinisch

Griechische Sprachwissenschaft von *W. Brandenstein.* 2 Bde.
I: Einleitung, Lautsystem, Etymologie. 160 S. 1954 *(Bd. 117)*

Geschichte der griechischen Sprache. 2 Bde.
I: Bis zum Ausgang der klassischen Zeit von *O. Hoffmann†.* 3. Aufl. bearb. von *A. Debrunner.* 156 S. 1954 *(Bd. 111)*
II: Grundfragen und Grundzüge des nachklass. Griechisch. Von *A. Debrunner.* 144 S. 1954 *(Bd. 114)*

Geschichte der griechischen Literatur von *W. Nestle.* 2 Bde. 2., verb. Aufl.
I: Von den Anfängen bis auf Alexander d. Gr. 148 S. 1950 *(Bd. 70)*
II: Von Alexander d. Gr. bis zum Ausgang der Antike. 128 S. 1948 *(Bd. 557)*

Geschichte der lateinischen Sprache von *F. Stolz†.* 3., stark umgearb. Auflage von *A. Debrunner.* 136 S. 1953 *(Bd. 492)*

Hebräisch, Sanskrit, Russisch

Hebräische Grammatik von *G. Beer†.* 2 Bde. 2., völlig neub. Aufl. von *R. Meyer*
I: Schrift-, Laut- und Formenlehre I. 157 S. 1952 *(Bd. 763/763a)*
II: Formenlehre II. Syntax und Flexionstabellen. 195 S. 1955 *(Bd. 764/764a)*

Sanskrit-Grammatik von *M. Mayrhofer.* 89 S. 1953 *(Bd. 1158)*

Russische Grammatik von *E. Berneker.* 6., unveränd. Aufl. von *M. Vasmer.* 155 S. 1947 *(Bd. 66)*

Erd- und Länderkunde

Afrika von *F. Jaeger.* Ein geograph. Überblick. 2 Bde. 2., umgearb. Aufl.
I: Der Lebensraum. 179 S., 18 Abb. 1954 *(Bd. 910)*
II: Mensch und Kultur. 152 S., 6 Abb. 1954 *(Bd. 911)*

Iberoamerika von *O. Quelle.* In Vorb. *(Bd. 856)*

Australien und Ozeanien von *H. J. Krug.* 176 S., 46 Skizz. 1953 *(Bd. 319)*

Kartenkunde von *M. Eckert-Greifendorff†.* 3., durchges. Aufl. von *W. Kleffner.* 149 S., 63 Abb. 1950 *(Bd. 30)*

Volkswirtschaft, Publizistik

Allgemeine Betriebswirtschaftslehre von *K. Mellerowicz.* 3 Bde. 9., unveränd. Aufl.
I: 142 S. 1956 *(Bd. 1008)*
II: 112 S. 1956 *(Bd. 1153)*
III: 143 S. 1956 *(Bd. 1154)*

Allgemeine Volkswirtschaftslehre von *A. Paulsen.* 4 Bde.
I: Grundlegung, Wirtschaftskreislauf. 138 S. 1956 *(Bd. 1169)*
II: Haushalte, Unternehmungen, Marktformen. 163 S., 32 Abb. 1956 *(Bd. 1170)*

Zeitungslehre von *E. Dovifat.* 2 Bde. 3., neubearb. Aufl.
I: Theoretische und rechtliche Grundlagen — Nachricht und Meinung — Sprache und Form. 148 S. 1955 *(Bd. 1039)*
II: Redaktion — Die Sparten Verlag und Vertrieb, Wirtschaft und Technik, Sicherung der öffentlichen Aufgabe. 158 S. 1955 *(Bd. 1040)*

Naturwissenschaften

Mathematik

Geschichte der Mathematik von *J. E. Hofmann.* 3 Bde.
I: Von den Anfängen bis zum Auftreten von Fermat und Descartes. 200 S. 1953 *(Bd. 226)*
II: Von Fermat und Descartes bis zur Erfindung des Calcullus und bis zum Ausbau der neuen Methoden. 1957. In Vorb. *(Bd. 875)*
III: Von den Auseinandersetzungen um Calculus bis zur Französischen Revolution. 1957. In Vorb. *(Bd. 882)*

Mathematische Formelsammlung von *F. Ringleb.* Vollst. umgearb. Neuausg. des Werkes von *O. Th. Bürklen.* 6., erw. Aufl. 278 S., 53 Fig. 1956 *(Bd. 51/51a)*

Fünfstellige Logarithmen von *A. Adler.* Mit mehreren graphischen Rechentafeln und häufig vorkommenden Zahlwerten. 2. Aufl. Neudr. 127 S., 1 Taf. 1949 *(Bd. 423)*

Höhere Algebra von *H. Hasse.* 2 Bde. 3., verb. Aufl.
I: Lineare Gleichungen. 152 S. 1951 *(Bd. 931)*
II: Gleichungen höheren Grades. 158 S., 5 Fig. 1951 *(Bd. 932)*

Aufgabensammlung zur höheren Algebra von *H. Hasse* und *W. Klobe.* 2., verb. und verm. Aufl. 181 S. 1952 *(Bd. 1082)*

Elementare und klassische Algebra vom modernen Standpunkt von *W. Krull.* 2 Bde. 2., erw. Aufl.
I: 136 S. 1952 *(Bd. 930)*

Einführung in die Zahlentheorie von *A. Scholz†.* Überarb. und herausgeg. von *B. Schoeneberg.* 2. Aufl. 128 S. 1955 *(Bd. 1131)*

Elemente der Funktionentheorie von *K. Knopp.* 4. Aufl. 144 S., 23 Fig. 1955 *(Bd. 1109)*

Funktionentheorie von *K. Knopp.* 2 Bde.
I: Grundlagen der allgem. Theorie der analytischen Funktionen. 9. Aufl. 141 S., 8 Fig. 1957 *(Bd. 668)*
II: Anwendungen und Weiterführung der allgemeinen Theorie. 8./9. Aufl. 130 S., 7 Fig. 1955 *(Bd. 703)*

Aufgabensammlung zur Funktionentheorie von *K. Knopp.* 2 Bde. 4. Aufl.
I: Aufgaben zur elementaren Funktionentheorie. 135 S. 1949 *(Bd. 877)*
II: Aufgaben zur höheren Funktionentheorie. 151 S. 1949 *(Bd. 878)*

Repetitorium und Aufgabensammlung zur Differentialrechnung von *A. Witting†.* 3., neub. Aufl. von *E. Ulrich.* 1957. In Vorb. *(Bd. 146)*

Repetitorium und Aufgabensammlung zur Integralrechnung von *A. Witting†.* 3., neubearb. Aufl. von *E. Ulrich.* 1957. In Vorb. *(Bd. 147)*

Gewöhnliche Differentialgleichungen von *G. Hoheisel.* 5., durchges. Aufl. 129 S. 1956. *(Bd. 920)*

Partielle Differentialgleichungen v. *G. Hoheisel.* 3., neub. Aufl. 130 S. 1953 *(Bd. 1003)*

Aufgabensammlung zu den gewöhnlichen und partiellen Differentialgleichungen von *G. Hoheisel.* 2., umgearb. Aufl. 124 S. 1952 *(Bd. 1059)*

Integralgleichungen von *G. Hoheisel.* 2., durchges. Aufl. 1957. In Vorb. *(Bd. 1099)*

Mengenlehre von *E. Kamke.* 3., neub. Auflage. 194 S., 6 Fig. 1955 *(Bd. 999/999a)*

Darstellende Geometrie von *W. Haack.* 3 Bde.
I: Die wichtigsten Darstellungsmethoden. Grund- und Aufriß ebenflächiger Körper. 110 S., 117 Abb. 1954 *(Bd. 142)*
II: Körper mit krummen Begrenzungsflächen. Kotierte Projektionen. 129 S., 86 Abb. 1954. *(Bd. 143)*
III: Axonometrie, Perspektive. Photogrammetrie. 127 S., 100 Abb. 1957 *(Bd. 144)*

Sammlung von Aufgaben und Beispielen zur analytischen Geometrie der Ebene von *R. Haussner†.* Mit den vollständigen Lösungen. 139 S., 22 Fig. Neudr. 1949 *(Bd. 256)*

Nichteuklidische Geometrie. Hyperbolische Geometrie der Ebene. Von

R. Baldus†. 3., verb. Aufl., durchges. und herausgeg. von *F. Löbell*. 140 S., 70 Fig. 1953 *(Bd. 970)*
Differentialgeometrie von *K. Strubecker* (früher Rothe). 3 Bde.
I: Kurventheorie der Ebene und des Raumes. 150 S., 18 Fig. 1955 *(Bd. 1113/1113a)*
II: Flächentheorie. 13 Fig. 1957. In Vorb. *(Bd. 1179/1179a)*
III: Theorie der Flächenkrümmung. 37 Fig. 1957. In Vorb. *(Bd. 1180/1180a)*
Einführung in die konforme Abbildung von *L. Bieberbach*. 5., erw. Aufl. 180 S., 42 Fig. 1956. *(Bd. 768/768a)*
Vektoren und Matrizen von *S. Valentiner*. 8., erw. Aufl. der „Vektoranalysis". 35 Fig. Mit Anh.: Aufgaben zur Vektorrechnung von *H. König*. 1957. In Vorb. *(Bd. 354/354a)*
Vermessungskunde von *P. Werkmeister*. 3 Bde.
II: Messung von Horizontalwinkeln. Festlegung von Punkten im Koordinatensystem. Absteckungen. 7. Aufl. 151 S., 93 Fig. 1949 *(Bd. 469)*
III: Trigonometrische und barometrische Höhenmessung. Tachymetrie und Topographie. 6. Aufl. 147 S., 64 Fig. 1949 *(Bd. 862)*
Versicherungsmathematik von *F. Böhm*. 2 Bde.
I: Elemente der Versicherungsrechnung. 3., verm. und verb. Aufl. Durchges. Neudr. 151 S. 1954 *(Bd. 180)*
II: Lebensversicherungsmathematik. Einführung in die technischen Grundlagen der Sozialversicherung. 2., verb. Aufl. 205 S. 1953 *(Bd. 917/917a)*

Physik

Einführung in die theoretische Physik von *W. Döring*. 5 Bde.
I: Mechanik. 119 S., 29 Abb. 1954 *(Bd. 76)*
II: Das elektromagnetische Feld. 123 S., 15 Abb. 1955 *(Bd. 77)*
III: Optik. 117 S., 32 Abb. 1956 *(Bd. 78)*
IV: Thermodynamik. 107 S., 9 Abb. 1956. *(Bd. 374)*
V: Statische Mechanik. 1957. In Vorb. *(Bd. 1017)*
Atomphysik von *K. Bechert* und *Ch. Gerthsen*. 7 Bde. 3., umgearb. Aufl.
I: Allgemeine Grundlagen. 1. Teil. 124 S., 55 Abb. 1955 *(Bd. 1009)*
II: Allgemeine Grundlagen. 2. Teil. 112 S., 48 Abb. 1955 *(Bd. 1033)*
III: Theorie des Atombaus. 1. Teil. 148 S., 16 Abb. 1954 *(Bd. 1123/1123a)*
IV: Theorie des Atombaus, 2. Teil. 170 S., 14 Abb. 1954 *(Bd. 1165/1165a)*
Differentialgleichungen der Physik von *F. Sauter*. 2. Aufl. 148 S., 16 Fig. 1950 *(Bd. 1070)*
Physikalische Formelsammlung von *G. Mahler*† und *K. Mahler*. 9., durchges. Aufl. 153 S. mit 69 Fig. 1955 *(Bd. 136)*
Physikalische Aufgabensammlung von *G. Mahler*† und *K. Mahler*. Mit den Ergebn. 9., durchges. Aufl. 127 S. 1957 *(Bd. 243)*

Chemie

Geschichte der Chemie in kurzgefaßter Darstellung von *G. Lockemann*. 2 Bde.
I: Vom Altertum bis zur Entdeckung des Sauerstoffs. 142 S., 8 Bildn. 1950 *(Bd. 264)*
II: Von der Entdeckung des Sauerstoffs bis zur Gegenwart. 151 S., 16 Bildn. 1955 *(Bd. 265/265a)*
Anorganische Chemie von *W. Klemm*. 9. Aufl. 184 S., 18 Abb. 1957 *(Bd. 37)*
Organische Chemie von *W. Schlenk*. 7., erw. Aufl. 1957. In Vorb. *(Bd. 38/38a)*
Allgemeine und physikalische Chemie von *W. Schulze*. 3 Bde. 4., neubearb. Aufl.
I: 139 S., 10 Fig. 1955 *(Bd. 71)*
II: 176 S., 37 Fig. 1956 *(Bd. 698/698a)*
III: 1956. In Vorb. *(Bd. 786)*
Analytische Chemie von *J. Hoppe*. 2 Bde. 5., verb. Aufl.
I: Reaktionen. 135 S. 1950 *(Bd. 247)*
II: Gang der qualitativen Analyse. 166 S. 1950 *(Bd. 248)*
Maßanalyse. Theorie und Praxis der klassischen und der elektrochemischen Titrierverfahren. Von *G. Jander* und *K. F. Jahr*. 7., erg. Aufl. 303 S., 50 Fig. 1956. *(Bd. 221/221a)*

Thermochemie von *W. A. Roth.* 2., verb. Aufl. 109 S., 16 Fig. 1952 *(Bd. 1057)*

Physikalisch-chemische Rechenaufgaben von *E. Asmus.* 2. Aufl. 95 S. 1949 *(Bd. 445)*

Stöchiometrische Aufgabensammlung. Mit den Ergebn. von *W. Bahrdt*† und *R. Scheer.* 6., durchges. Aufl. 118 S. 1957 *(Bd. 452)*

Elektrochemie und ihre physikalisch-chemischen Grundlagen von *A. Dassler.* 2 Bde.
I: 149 S., 21 Abb. 1950 *(Bd. 252)*
II: 178 S., 17 Abb. 1950 *(Bd. 253)*

Technologie

Warenkunde von *K. Hassak*† und *E. Beutel*†. 2 Bde. 7. Aufl. Neubearb. von *A. Kutzelnigg*
I: Anorganische Waren sowie Kohle und Erdöl. 116 S., 19 Fig. 1947 *(Bd. 222)*
II: Organische Waren. 143 S., 32 Fig. 1949 *(Bd. 223)*

Die Fette und Öle von *K. Braun*†. 5., völlig neubearb. und verb. Aufl. von *Th. Klug.* 145 S. 1950 *(Bd. 335)*

Die Seifenfabrikation von *K. Braun*†. 3., neubearb. und verb. Aufl. von *Th. Klug.* 116 S., 18 Abb. 1953 *(Bd. 336)*

Textilindustrie
I: Spinnerei und Zwirnerei. Von *A. Blümcke.* 111 S., 43 Abb. 1954 *(Bd. 184)*

Biologie

Einführung in die allgemeine Biologie von *M. Hartmann.* 132 S., 2 Abb. 1956. *(Bd. 96)*

Hormone von *G. Koller.* 2., neubearb. und erw. Aufl. 187 S., 60 Abb., 19 Tab. 1949 *(Bd. 1141)*

Fortpflanzung im Tier- und Pflanzenreich von *J. Hämmerling.* 2., erg. Aufl. 135 S., 101 Abb. 1951 *(Bd. 1138)*

Geschlecht und Geschlechtsbestimmung im Tier- und Pflanzenreich von *M. Hartmann.* 2., verb. Aufl. 116 S., 61 Abb., 7 Tab. 1951 *(Bd. 1127)*

Grundriß der allgemeinen Mikrobiologie von *W. Schwartz.* 2 Bde.
I: 104 S. 17 Abb. 1949 *(Bd. 1155)*
II: 93 S. 12 Abb. 1949 *(Bd. 1157)*

Symbiose der Tiere mit pflanzlichen Mikroorganismen von *P. Buchner.* 2., verb. und verm. Aufl. 130 S. 121 Abb. 1949 *(Bd. 1128)*

Botanik

Entwicklungsgeschichte des Pflanzenreiches von *H. Heil.* 2. Aufl. 138 S. 94 Abb. 1 Tab. 1950 *(Bd. 1137)*

Morphologie der Pflanzen von *L. Geitler.* 3. Aufl. 126 S. 114 Abb. 1953 *(Bd. 141)*

Pflanzenzüchtung von *H. Kuckuck* 2 Bde.
I: Grundzüge der Pflanzenzüchtung. 3., völlig umgearb. Aufl. 132 S. 22 Abb. 1952 *(Bd. 1134)*
II: Spez. gartenbaul. Pflanzenzüchtung. 178 S., 27 Abb. 1957 *(Bd. 1178/1178a)*

Die Laubhölzer. Kurzgefaßte Beschreibung der in Mitteleuropa gedeihenden Laubbäume und Sträucher. Von *F. W. Neger*† und *E. Münch*†. 3., durchges. Aufl. herausgeg. von *B. Huber.* 143 S. 63 Fig. 7 Tab. 1950 *(Bd. 718)*

Die Nadelhölzer (Koniferen) und übrigen Gymnospermen von *F. W. Neger*† und *E. Münch*†. 4. Aufl. Durchges. und erg. von *B. Huber.* 140 S., 75 Fig., 4 Tab., 3 Ktn. 1952 *(Bd. 355)*

Zoologie

Entwicklungsphysiologie der Tiere von *F. Seidel.* 2 Bde.
I: Ei und Furchung. 126 S., 29 Abb. 1953 *(Bd. 1162)*
II: Körpergrundgestalt und Organbildg. 159 S., 42 Abb. 1953 *(Bd. 1163)*

Das Tierreich.
Fische von *D. Lüdemann.* 130 S., 65 Abb. 1955 *(Bd. 356)*
Insekten von *H. von Lengerken.* 128 S., 58 Abb. 1953 *(Bd. 594)*
Lurche (Chordatiere) von *K. Herter.* 143 S., 129 Abb. 1955 *(Bd. 847)*
Spinnentiere (Trilobitomorphen, Fühlerlose) und Tausendfüßler. Von *A. Kaestner.* 96 S., 55 Abb. 1955 *(Bd. 1161)*
Würmer. Platt-, Hohl-, Schnurwürmer, Komptozoen, Ringelwürmer, Protracheaten, Bärtierchen,

Zungenwürmer. Von *S. Jaeckel.* 114 S., 36 Abb. 1955 *(Bd. 439)*
Weichtiere. Urmollusken, Schnecken, Muscheln, Kopffüßer. Von *S. Jaeckel.* 92 S., 34 Abb. 1954 *(Bd. 440)*
Stachelhäuter. Tentakulaten, Binnenatmer u. Pfeilwürmer. Von *S. Jaeckel.* 100 S., 46 Abb. 1955 *(Bd. 441)*
Schwämme und Hohltiere von *H. J. Hannemann.* 95 S., 80 Abb. 1956 *(Bd. 442)*
Krebse von *H. E. Gruner* und *K. Deckert.* 114 S., 43 Abb. 1956 *(Bd. 443)*
Einzeller, Protozoen von *E. Reichenow.* 115 S., 59 Abb. 1956 *(Bd. 444)*

Vergleichende Physiologie der Tiere von *K. Herter.* 2 Bde. 3. Aufl. der „Tierphysiologie".
I: Stoff- und Energiewechsel. 155 S., 64 Abb. 1950 *(Bd. 972)*
II: Bewegung und Reizerscheinungen. 148 S., 110 Abb. 1950 *(Bd. 973)*

Land- und Forstwirtschaft

Landwirtschaftliche Tierzucht. Die Züchtung und Haltung der landwirtschaftlichen Nutztiere von *H. Vogel.* 139 S., 11 Abb. 1952 *(Bd. 228)*

Kulturtechnische Bodenverbesserungen von *O. Fauser.* 2. Bde. 4., neubearb. Aufl.
I: Allgemeines, Entwässerung. 122 S., 47 Abb. 1947 *(Bd. 691)*
II: Bewässerung, Ödlandkultur, Umlegung. 150 S., 67 Abb. 1949 *(Bd. 692)*

Agrikulturchemie von *K. Scharrer.* 2 Bde.
I: Pflanzenernährung. 143 S. 1953 *(Bd. 329)*
II: Futtermittelkunde. 192 S. 1956. *(Bd. 330/330a)*

Geologie, Mineralogie Kristallographie

Geologie von *F. Lotze.* 176 S., 80 Abb. 1955 *(Bd. 13)*

Mineral- und Erzlagerstättenkunde von *H. Huttenlocher†.* 2 Bde.
I: 128 S., 34 Abb. 1954 *(Bd. 1014)*
II: 156 S., 48 Abb. 1954 *(Bd. 1015/1015a)*

Allgemeine Mineralogie. 9., erw. Aufl. der „Mineralogie" von *R. Brauns†* und *K. F. Chudoba.* 104 S., 107 Fig., 1 Taf., 2 Tab. 1955 *(Bd. 29)*

Spezielle Mineralogie. 9., erw. Aufl. der „Mineralogie" von *R. Brauns†* und *K. F. Chudoba.* 133 S., 105 Fig. 1955 *(Bd. 31)*

Petrographie (Gesteinskunde) von *W. Bruhns†* und *P. Ramdohr.* 4., durchges. Aufl. 104 S., 10 Fig. 1955 *(Bd. 173)*

Kristallographie von *W. Bruhns†* und *P. Ramdohr.* 4. Aufl. 106 S., 163 Abb. 1954 *(Bd. 210)*

Einführung in die Kristalloptik von *E. Buchwald.* 4., verb. Aufl. 138 S., 121 Fig. 1952 *(Bd. 619)*

Lötrohrprobierkunde. Mineraldiagnose mit Lötrohr- und Tüpfelreaktion. Von *M. Henglein.* 3., verb. Aufl. 91 S., 11 Fig. 1949 *(Bd. 483)*

Technik

Graphische Darstellung in Wissenschaft und Technik von *M. Pirani.* 3., verb. Aufl. bearb. von *J. Fischer.* 101 Abb. 1957. In Vorb. *(Bd. 728/728a)*

Elektrotechnik

Grundlagen der allgemeinen Elektrotechnik von *O. Mohr.* 3 Bde.
I: Die drei Feldformen. 96 S., 41 Abb., 6 Taf. 1956. *(Bd. 196)*
II: Die wichtigsten elektr. und phys. Grunderscheinungen. 95 S., 36 Abb., 7 Taf. 1956. *(Bd. 197)*
III: Schaltvorgänge, Widerstandsformen, Meßtechnik. 91 S., 59 Abb., 1 Taf. 1956. *(Bd. 198)*

Die Gleichstrommaschine von *K. Humburg.* 2 Bde. 2., durchges. Aufl.
I: 102 S., 59 Abb. 1956. *(Bd. 257)*
II: 101 S., 38 Abb. 1956. *(Bd. 881)*

Die synchrone Maschine von *K. Humburg.* Neudr. 109 S., 78 Abb. 1951 *(Bd. 1146)*

Induktionsmaschinen von *F. Unger.* 2., erw. Aufl. 142 S., 49 Abb. 1954 *(Bd. 1140)*

Die komplexe Berechnung von Wechselstromschaltungen von *H. H. Meinke.* 2 Aufl. 1957. In Vorb. *(Bd. 1156/1156a)*

Theoretische Grundlagen zur Berechnung der Schaltgeräte von *F. Kesselring.* 3. Aufl. 144 S., 92 Abb. 1950 *(Bd. 711)*

Einführung in die Technik selbsttätiger Regelungen von *W. zur Megede.* 174 S., 86 Abb. 1956 *(Bd. 714/714a)*

Elektromotorische Antriebe (Grundlagen für die Berechnung) von *A. Schwaiger.* 3., neubearb. Aufl. 96 S., 34 Abb. 1952 *(Bd. 827)*

Technische Tabellen und Formeln von *W. Müller.* 4., verb und erw. Aufl. von *E. Schulze.* 152 S., 105 Fig. 1951 *(Bd. 579)*

Überspannungen und Überspannungsschutz von *G. Frühauf.* Durchges. Neudr. 122 S., 98 Abb. 1950 *(Bd. 1132)*

Maschinenbau

Metallkunde von *H. Borchers.* 2 Bde. 3. Aufl.
I: Aufbau der Metalle und Legierungen. 120 S., 90 Abb., 2 Tab. 1956. *(Bd. 432)*
II: Eigenschaften, Grundzüge der Form und Zustandsgebung. 154 S., 100 Abb., 8 Tab. 1957 *(Bd. 433)*

Die Werkstoffe des Maschinenbaues von *H. Thum* und *C. M. von Meysenbug.* 2 Bde.
I: Einführung in die Werkstoffprüfung. 2., neubearb. Aufl. 100 S., 7 Tab., 56 Abb. 1956. *(Bd. 476)*

Dynamik von *W. Müller.* 2 Bde. 2., verb. Aufl.
I: Dynamik des Einzelkörpers. 128 S., 48 Fig. 1952 *(Bd. 902)*
II: Systeme von starren Körpern. 102 S., 41 Fig. 1952 *(Bd. 903)*

Technische Schwingungslehre von *L. Zipperer.* 2 Bde. 2., neubearb. Aufl.
I: Allgemeine Schwingungsgleichungen, einfache Schwinger. 120 S., 101 Abb. 1953 *(Bd. 953)*
II: Torsionsschwingungen in Maschinenanlagen. 102 S., 59 Abb. 1955 *(Bd. 961/961a)*

Werkzeugmaschinen für Metallbearbeitung von *K. P. Matthes.* 4 Bde.
I: 100 S., 27 Abb., 11 Zahlentaf., 1 Tafelanh. 1954 *(Bd. 561)*
II: Fertigungstechnische Grundlagen der neuzeitlichen Metallbearbeitung. 101 S., 30 Abb., 5 Taf. 1955 *(Bd. 562)*

Transformatoren von *W. Schäfer.* 3., überarb. u. erg. Aufl. 130 S., 73 Abb. 1957 *(Bd. 952)*

Das Maschinenzeichnen mit Einführung in das Konstruieren von *W. Tochtermann.* 2 Bde. 4. Aufl.
I: Das Maschinenzeichnen. 156 S., 77 Taf. 1950 *(Bd. 589)*
II: Ausgeführte Konstruktionsbeispiele. 130 S., 58 Taf. 1950 *(Bd. 590)*

Die Maschinenelemente von *E. A. vom Ende.* 3., verb. Aufl., 166 S., 175 Fig., 9 Taf. 1956: *(Bd. 3/3a)*

Maschinen der Eisenhüttenwerke von *L. Engel.* 1957. In Vorb. *(Bd. 583/583a)*

Walzwerke von *H. Sedlaczek.* 2 Bde.
I: Allgem. Verformungslehre, Grundelemente und Hilfseinrichtungen der Walzwerke. 90 Abb. 1957. In Vorb. *(Bd. 580)*
II: Die Walzwerke in Aufbau und Betrieb. 67 Abb. 1957. In Vorb. *(Bd. 581)*

Getriebelehre von *P. Grodzinski.* 2 Bde. 2., neubearb. Aufl.
I: Geometrische Grundlagen. 159 S., 142 Fig. 1953 *(Bd. 1061)*

Gießereitechnik von *H. Jungbluth.* 2 Bde.
I: Eisengießerei. 126 S., 44 Abb. 1951 *(Bd. 1159)*

Die Dampfkessel und Feuerungen einschließlich Hilfseinrichtungen in Theorie, Konstruktion und Berechnung von *W. Marcard*†. 2 Bde. 2. Aufl. Neubearb. von *K. Beck.*
I: Die theoretischen Grundlagen, Wärme, Verbrennung, Wärmeübertragung. 150 S., 42 Abb., 16 Tab. 1951 *(Bd. 9)*
II: Dampfkessel. 147 S., 43 Abb. 1952 *(Bd. 521)*

Dampfturbinen, ihre Wirkungsweise, Berechnung und Konstruktion von *C. Zietemann.* 3 Bde. 3., verb. Aufl.
I: Theorie der Dampfturbinen. 139 S., 48 Abb. 1955 *(Bd. 274)*

II: Die Berechnung der Dampfturbinen und die Konstruktion der Einzelteile. 132 S., 111 Abb. 1956 *(Bd. 715)*
III: Die Regelung der Dampfturbinen, die Bauarten, Turbinen für Sonderzwecke, Kondensationsanlagen. 126 S., 90 Abb. 1956 *(Bd. 716)*

Technische Thermodynamik von *W. Nußelt.* 3 Bde.
I: Grundlagen. 4., verb. Aufl. 144 S., 71 Abb. 1956. *(Bd. 1084)*
II: Theorie der Wärmekraftmaschinen. Neudr. 144 S., 87 Abb., 32 Zahlentaf. 1951 *(Bd. 1151)*

Autogenes Schweißen und Schneiden von *H. Niese.* 5. Aufl. Neubearb. von *A. Küchler.* 136 S., 71 Fig. 1954 *(Bd. 499)*

Die elektrischen Schweißverfahren von *H. Niese.* 2. Aufl. Neubearb. von *H. Dienst.* 136 S., 58 Abb. 1955 *(Bd. 1020)*

Hebezeuge. Entwurf von Winden und Kranen von *G. Tafel.* 2., verb. Aufl. 176 S., 230 Fig. 1954 *(Bd. 414/414a)*

Wasserbau

Wasserkraftanlagen von *A. Ludin* u. Mitarb. v. *W. Borkenstein.* 2 Bde.
I: Planung, Grundlagen und Grundzüge. 124 S., 60 Abb. 1955 *(Bd. 665)*

Verkehrswasserbau von *H. Dehnert.* 3 Bde.
I: Entwurfsgrundlagen, Flußregelungen. 103 S., 52 Abb. 1950 *(Bd. 585)*
II: Flußkanalisierung und Schifffahrtskanäle. 94 S., 60 Abb. 1950 *(Bd. 597)*
III: Schleusen und Hebewerke. 98 S., 70 Abb. 1950 *(Bd. 1152)*

Wehr- und Stauanlagen von *H. Dehnert.* 134 S., 90 Abb. 1952 *(Bd. 965)*

Talsperren von *F. Tölke.* 122 S., 70 Abb. 1953 *(Bd. 1044)*

Hoch- und Tiefbau

Die wichtigsten Baustoffe des Hoch- und Tiefbaus von *O. Graf.* 4., verb. Aufl. 131 S., 63 Abb. 1953 *(Bd. 984)*

Baustoffverarbeitung und Baustellenprüfung des Betons von *A. Kleinlogel.* 2., neubearb. und erw. Aufl. 126 S., 35 Abb. 1951 *(Bd. 978)*

Festigkeitslehre. 2 Bde.
I: Elastizität, Plastizität und Festigkeit der Baustoffe und Bauteile von *W. Gehler†* und *W. Herberg.* Durchges. und erw. Neudr. 159 S., 118 Abb. 1952 *(Bd. 1144)*
II: Formänderung, Platten, Stabilität und Bruchhypothesen von *W. Herberg* und *N. Dimitrov.* 187 S., 94 Abb. 1955 *(Bd. 1145/1145a)*

Grundlagen des Stahlbetonbaus von *A. Troche.* 2., neubearb. und erw. Aufl. 208 S., 75 Abb., 17 Bemessungstaf., 20 Rechenbeisp. 1953 *(Bd. 1078)*

Statik der Baukonstruktionen von *A. Teichmann.* 4 Bde.
I: Grundlagen. 100 S., 51 Abb., 8 Formeltaf. 1956 *(Bd. 119)*
II: Statisch bestimmte Stabwerke. 107 S., 52 Abb., 7 Taf. 1957 *(Bd. 120)*

Fenster, Türen, Tore aus Holz und Metall. Eine Anleitung zu ihrer guten Gestaltung, wirtschaftlichen Bemessung und handwerksgerechten Konstruktion von *W. Wickop.* 4., überarb. und erg. Aufl. 155 S., 95 Abb. 1955 *(Bd. 1092)*

Heizung und Lüftung von *J. Körting†* und *W. Körting.* 2 Bde. 8., neubearb. Aufl.
I: Das Wesen und die Berechnung der Heizungs- und Lüftungsanlagen. 140 S., 29 Abb., 18 Zahlentaf. 1951 *(Bd. 342)*
II: Die Ausführung der Heizungs- und Lüftunganlagen. 152 S., 165 Abb., 7 Zahlentaf. 1954 *(Bd. 343)*

Industrielle Kraft- und Wärmewirtschaft von *F. A. F. Schmidt* u. *A. Beckers.* 167 S., 69 Abb. 1957 *(Bd. 318/318a)*

SAMMLUNG GÖSCHEN / BANDNUMMERNFOLGE

1 Langosch, Der Nibelunge Nôt
3/3a v. Ende, Die Maschinenelemente
9 Marcard-Beck, Dampfkessel I
10 Jiriczek-Wisniewski, Kudrun- und Dietrichepen
13 Lotze, Geologie
19 Altheim, Röm. Geschichte I
20 Hofstaetter-Spree, Dt. Sprachlehre
29 Brauns-Chudoba, Allg. Mineralogie
30 Eckert-Greifendorff-Kleffner, Kartenkunde
31 Brauns-Chudoba, Spez. Mineralogie
35 Treue, Dt. Geschichte von 1648 bis 1740
37 Klemm, Anorganische Chemie
38/38a Schlenk, Organ. Chemie
39 Treue, Dt. Geschichte von 1713 bis 1806
42 Behn, Vorgeschichte Europas
51/51a Ringleb-Bürklen, Mathematische Formelsammlung
59 Krahe, Indogerm. Sprachwiss.
60 Biehle, Stimmkunde
61 Biehle, Redetechnik
66 Berneker-Vasmer, Russische Grammatik
70 Nestle, Griech. Literaturgesch. I
71 Schulze, Allg. u. phys. Chemie I
76 Döring, Einf. i. d. theoret. Physik I
77 Döring, — II
78 Döring, — III
79 Hempel, Gotisches Elementarb.
80 Weigert, Stilkunde I
96 Hartmann, Einf. i. d. allgem. Biologie
101 v. Wiese, Soziologie
103 Dahrendorf, Industrie- und Betriebssoziologie
104/104a Hofstätter, Sozialpsychologie
111 Hoffmann-Debrunner, Gesch. d. griechischen Sprache I
114 Debrunner, — II
117 Brandenstein, Griechische Sprachwissenschaft I
119 Teichmann, Statik der Baukonstruktionen I
120 Teichmann, - II
125 Vossler, Italienische Literaturgeschichte
128/128a Lausberg, Romanische Sprachwissenschaft I
136 Mahler, Physikalische Formelsammlung
141 Geitler, Morphol. der Pflanzen
142 Haack, Darst. Geometrie I
143 Haack, — II
144 Haack, — III
145 Weimer, Gesch. der Pädagogik
146 Witting, Repetitorium und Aufgabensammlung zur Differentialrechnung
147 Witting, Repetitorium und Aufgabensammlung zur Integralrechnung
156/156a Landmann, Philosophische Anthropologie
170 Oehlmann, Musik des 19. Jahrhunderts
171 Oehlmann, Musik des 20. Jahrhunderts I
173 Bruhns-Ramdohr, Petrographie
180 Böhm, Versicherungsmath. I
184 Blümcke, Spinnerei und Zwirnerei
196 Mohr, Grundlagen d. Elektrotechnik I
197 Mohr, — II
198 Mohr, — III
200/200a Gottschald, Dt. Rechtschreibungswörterbuch
210 Bruhns-Ramdohr, Kristallographie
220/220a Moser, Allg. Musiklehre
221/221a Jander-Jahr, Maßanalyse
222 Hassak-Beutel, Warenkunde I
223 Hassak-Beutel, — II
226 Hofmann, Geschichte der Mathematik I
228 Vogel, Landw. Tierzucht
231 Ehrlich, Geschichte Israels
238 Krahe, German. Sprachwiss. I
243 Mahler, Physikal. Aufgabensammlung
247 Hoppe, Analytische Chemie I
248 Hoppe, — II
250 Lausberg, Roman. Sprachwissenschaft II
252 Dassler, Elektrochemie I
253 Dassler, — II

256 Haussner, Aufgabensamml. zur analyt. Geometrie der Ebene
257 Humburg, Die Gleichstrommaschine I
264 Lockemann, Geschichte der Chemie I
265/265a Lockemann, – II
270 Kirn, Einführung in die Geschichtswissenschaft
274 Zietemann, Dampfturbinen I
279 Jacob, Quellenkunde der deutschen Geschichte I
280 Jacob, – II
281 Leisegang, Einführung in die Philosophie
284 Jacob-Weden, Quellenkunde der deutschen Geschichte III
318/318a Schmidt, Industrielle Kraft- und Wärmewirtschaft
319 Krug, Australien und Ozeanien
329 Scharrer, Agrikulturchemie I
330/330a Scharrer, – II
335 Braun-Klug, Fette und Öle
336 Braun-Klug, Seifenfabrikation
342 Körting, Heizung und Lüftung I
343 Körting, – II
344 Moser, Musikästhetik
354/354a Valentiner, Vektoren
355 Neger-Münch, Nadelhölzer
356 Lüdemann, Fische
374 Döring, Einf. in die theoret. Physik IV
375 Preller, Geschichte Englands I
394/394a Schilling, Von der Renaissance bis Kant
414/414a Tafel, Hebezeuge I
422 Gottschald, Dt Personennamen
423 Adler, Fünfstell. Logarithmen
432 Borchers, Metallkunde I
433 Borchers, — II
439 Jaeckel, Würmer
440 Jaeckel, Weichtiere
441 Jaeckel, Stachelhäuter
442 Hannemann, Schwämme und Hohltiere
443 Gruner-Deckert, Krebse
444 Reichenow, Einzeller
445 Asmus, Physikal.-chemische Rechenaufgaben
452 Bahrdt-Scheer, Stöchiometrische Aufgabensammlung
469 Werkmeister, Vermessungskunde II
476 Thum-Meysenbug, Die Werkstoffe des Maschinenbaus I
483 Henglein, Lötrohrprobierkunde
492 Stolz-Debrunner, Geschichte der lateinischen Sprache
499 Niese, Autogen. Schweißen
500 Simmel, Hauptprobleme der Philosophie
521 Marcard-Beck, Dampfkessel II
536 Lehmann, Kant
538 Rumpf, Archäologie I
539 Rumpf, – II
557 Nestle, Griechische Literaturgeschichte II
561 Matthes, Werkzeugmaschinen I
562 Matthes, – II
564 Behn, Kultur der Urzeit I
565 Behn, – II
566 Behn, – III
571 Lehmann, Philosophie des 19. Jahrhunderts I
576/576a Moser, Gesangskunst
579 Müller-Schulze, Techn. Tabellen
580 Sedlaczek, Walzwerke I
581 Sedlaczek, — II
583/583a Engel, Maschinen der Eisenhüttenwerke
585 Dehnert, Verkehrswasserbau I
589 Tochtermann, Maschinenzeichnen I
590 Tochtermann, – II
594 Lengerken, Insekten
597 Dehnert, Verkehrswasserbau II
601 Mutschmann, Engl. Phonetik
619 Buchwald, Kristalloptik
665 Ludin, Wasserkraftanlagen I
668 Knopp, Funktionentheorie I
677 Altheim, Röm. Geschichte II
691 Fauser, Kulturtechn. Bodenverbesserungen I
692 Fauser, – II
698/698a Schulze, Allgemeine und physikalische Chemie II
703 Knopp, Funktionentheorie II
709 Lehmann, Philosophie des 19. Jahrhunderts II
711 Kesselring, Berechnung der Schaltgeräte
714/714a zur Megede, Einf. in die Technik selbsttät. Regelungen
715 Zietemann, Dampfturbinen II
716 Zietemann, – III
718 Neger-Münch, Laubhölzer
728/728a Pirani, Graph. Darstellung
735 Ekwall, Historische neuengl. Laut und Formenlehre
763/763a Beer-Meyer, Hebräische Grammatik I
764/764a Beer-Meyer, – II

768/768a Bieberbach, Einführung in die konforme Abbildung
780 Krahe, Germ. Sprachwiss. II
781 Weigert, Stilkunde II
786 Schulze, Allgem. und physikalische Chemie III
807 Kropp, Erkenntnistheorie I
809 Moser, Harmonielehre I
826 Koch, Philosophie des Mittelalters
827 Schwaiger, Elektromotorische Antriebe
831 Erismann, Allg. Psychologie
845 Lehmann, Philosophie im ersten Drittel des 20. Jahrhunderts
847 Herter, Lurche
851 Moede, Psychologie des Berufs- und Wirtschaftslebens
856 Quelle, Iberoamerika
857 Capelle, Griech. Philosophie I
858 Capelle, – II
859 Capelle, – III
862 Werkmeister, Vermessungskunde III
863 Capelle, Griech. Philosophie IV
875 Hofmann, Gesch. d. Math. II
877 Knopp, Aufgabensammlung zur Funktionstheorie I
878 Knopp, — II
881 Humburg, Gleichstrommaschine II
882 Hofmann, Gesch. d. Math. III
902 Müller, Dynamik I
903 Müller, – II
910 Jaeger, Afrika I
911 Jaeger, – II
915 Sperber-Fleischhauer, Gesch. der deutschen Sprache
917/917a Böhm, Versicherungsmathematik II
920 Hoheisel, Gewöhnliche Differentialgleichungen
921 Jantzen-Kolb, W. v. Eschenbach. Parzival
929 Schirmer, Dt. Wortkunde
930 Krull, Elementare und klassische Algebra I
931 Hasse, Höhere Algebra I
932 Hasse, – II
952 Schäfer, Transformatoren
953 Zipperer, Techn. Schwingungslehre I
961/961a Zipperer, — II
965 Dehnert, Wehr- und Stauanl.
970 Baldus-Löbell, Nichteuklid. Geometrie
972 Herter, Tierphysiologie I
973 Herter, – II
978 Kleinlogel, Baustoffverarb. u. Baustellenprüf. des Betons
984 Graf, Die wichtigsten Baustoffe des Hoch- u. Tiefbaus
999/999a Kamke, Mengenlehre
1000 Jaspers, Geistige Situation
1003 Hoheisel, Partielle Differentialgleichungen
1008 Mellerowicz, Allgemeine Betriebswirtschaftslehre I
1009 Bechert-Gerthsen, Atomphysik I
1014 Huttenlocher, Mineral- und Erzlagerstättenkunde I
1015/1015a Huttenlocher, – II
1017 Döring, Einf. i. d. theoret. Physik V
1020 Niese-Dienst, Elektr. Schweißverfahren
1031/1031a Apel, Philosophisches Wörterbuch
1033 Bechert-Gerthsen, Atomphysik II
1034 Kranefeldt, Therapeutische Psychologie
1035 Altheim, Röm. Religionsgeschichte I
1039 Dovifat, Zeitungslehre I
1040 Dovifat, – II
1044 Tölke, Talsperren
1045 Schubert, Technik des Klavierspiels
1051/1051a Stolberg-Wernigerode, Gesch. der Verein. Staaten von Amerika
1052 Altheim, Röm. Religionsgeschichte II
1057 Roth, Thermochemie
1059 Hoheisel, Aufgabensammlung zu den gewöhnl. und partiellen Differentialgleichungen
1061 Grodzinski, Getriebelehre I
1065 Haller, Von den Karolingern zu den Staufern
1070 Sauter, Differentialgleichungen der Physik
1078 Troche, Stahlbetonbau
1082 Hasse-Klobe, Aufgabensamml. zur Höheren Algebra
1084 Nußelt, Technische Thermodynamik I
1085 Lietzmann, Zeitrechnung
1086 Müller, Dt. Dichten u. Denken

1088 Preller, Geschichte Englands II
1092 Wickop, Fenster, Türen, Tore
1094 Hernried, System. Modulation
1099 Hoheisel, Integralgleichungen
1105 Hartung, Dt. Geschichte im Zeitalter der Reformation
1108 de Boor-Wisniewski, Mittelhochdeutsche Grammatik
1109 Knopp, Elemente der Funktionentheorie
1111 Naumann-Betz, Althochdeutsches Elementarbuch
1113/1113a Strubecker, Differentialgeometrie I
1114 Schubel, Englische Literaturgeschichte I
1115 Ranke, Altnord. Elementarbuch
1116 Schubel, Englische Literaturgeschichte II
1117 Haller, Eintritt der Germanen in die Geschichte
1121 Naumann, Dt. Dichten und Denken
1122 Feist, Sprechen u. Sprachpflege
1123/1123a Bechert-Gerthsen, Atomphysik III
1124 Meissner, Englische Literaturgeschichte III
1125 Lehnert, Altengl. Elementarbuch
1127 Hartmann, Geschlecht und Geschlechtsbestimmung im Tier- und Pflanzenreich
1128 Buchner, Symbiose der Tiere mit pflanzl. Mikroorganismen
1130 Dibelius, Jesus
1131 Scholz-Schoeneberg, Einführung in die Zahlentheorie
1132 Frühauf, Überspannungen und Überspannungsschutz
1134 Kuckuck, Pflanzenzüchtung I
1135 Lehnert, Beowulf
1136 Meissner, Englische Literaturgeschichte IV
1137 Heil, Entwicklungsgeschichte des Pflanzenreichs
1138 Hämmerling, Fortpflanzung im Tier- und Pflanzenreich
1140 Unger, Induktionsmaschinen
1141 Koller, Hormone
1142 Meissner-Lehnert, Shakespeare
1144 Gehler-Herberg, Festigkeitslehre I
1145/1145a Herberg-Dimitrov, - II
1146 Humburg, Synchrone Maschine
1147 v. Waltershausen, Kunst des Dirigierens
1148 Pepping, Der polyphone Satz I
1151 Nußelt, Technische Thermodynamik II
1152 Dehnert, Verkehrswasserbau III
1153 Mellerowicz, Allgem. Betriebswirtschaftslehre II
1154 Mellerowicz, — III
1155 Schwartz, Mikrobiologie I
1156/1156a Meinke, Komplexe Berechn. der Wechselstromschaltungen
1157 Schwartz, Mikrobiologie II
1158 Mayrhofer, Sanskrit-Grammatik
1159 Jungbluth, Gießereitechnik I
1160 Dibelius-Kümmel, Paulus
1161 Kaestner, Spinnentiere
1162 Seidel, Entwicklungsphysiolog. der Tiere I
1163 Seidel, — II
1164/1164a Pepping, Der polyphone Satz II
1165/1165a Bechert-Gerthsen, Atomphysik IV
1169 Paulsen, Allgemeine Volkswirtschaftslehre I
1170 Paulsen, — II
1178/1178a Kuckuck, Pflanzenzüchtung II
1179/1179a Strubecker, Diff. Geometrie II
1180/1180a Strubecker, — III

AUTORENREGISTER